KB073230

챗GPT가 얘기해주는
요즘 비즈니스 트렌드

챗 G P T 가 얘 기 해 주 는

요즘
비즈니스 트렌드

B u s i n e s s   T r e n d s

정욱진 지음

좋은땅

추천사

챗GPT 춘추전국시대에 훌륭한 책을 발간함에 축하드립니다. 요즘 대형 서점에 가 보면 공학 기술 구역은 물론 산업 경제 나아가 문화 예술 구역에서도 챗GPT 관련 서적들을 손쉽게 볼 수 있습니다. 컴퓨터나 IT를 전공하는 연구자나 개발자들이야 당연히 챗GPT를 알아야 할 것입니다.

어제 우연히 페북을 보다가 10년 전인 2013년 5월 3일 팀 버너스리가 한국에 와서 웹 발표 25년 동안 한국이 가장 성공적으로 인터넷을 사용하는 국가가 되었다고 본인과 이야기 나누는 사진을 보았습니다. 팀이 스위스 입자물리연구소에서 1989년 웹 기술을 발표하고 미국 MIT로 옮겨 간 이후 1992년 앨 고어 부통령이 NII를 발표하면서 전 세계는 인터넷 시대를 맞이하게 되었습니다. 물론 우리도 1994년부터 발 빠르게 초고속망 사업을 추진해서 인터넷 시대에 대응했었는데, 이제는 챗GPT라는 초거대 AI가 세상을 바꾸고 있고 우리는 이에 대응하고 있습니다.

이러한 기술 발전 흐름에 발맞추어 챗GPT를 실제로 사용하면서 어떻게 사용하는지 그리고 그 효용이 어떤지 이 책은 사례를 보여 주고 있습니다. 구체적으로는 인공지능, 메타버스, 블록체인 그리고 플랫폼에 대해 챗GPT를 활용하여 조사하고 그 결과를 정리하여 설명하고 있습니다.

이러한 시도는 일반 이용자들이 챗GPT를 어떻게 사용할 수 있는지를 보여 주는 훌륭한 사례라고 생각합니다. 아울러 최근 비즈니스를 좌우하는 핵심 기술을 이해할 수 있어 더욱 훌륭하다고 할 수 있습니다.

비즈니스 현장에서 챗GPT를 어떻게 활용할까 생각 중인 분들이나 최근 IT 기술 흐름이 어떤지 궁금해하는 일반 시민들에게는 좋은 교양서가 될 것입니다. 챗GPT는 하루아침에 나타난 것이 아니라 20세기 초반 앨런 튜링 때부터 발전되어 온 인공지능 기술의 결정판이 아닐까 생각합니다. 이러한 측면에서 이 책을 통해 최근 기술에 대한 상식을 키울 수 있을 것입니다.

모든 기술은 동전의 앞 뒷면처럼 밝은 측면과 함께 문제점도 있습니다. 최근 AI에 대한 우려가 많고 규제의 목소리가 높습니다. 일론 머스크와 저명인사들은 AI 연구를 6개월 중단하자고까지 주장하고 있습니다. 인터넷 초기에도 많은 전문가들이 폭력성이나 윤리성, 빈부격차 문제를 지적했고 다양한 기술적 제도적 대책들이 마련돼서 대응해 오고 있기도 합니다. 챗GPT AI는 우리 시대에 산소 같은 역할을 할 수 있도록, 그리고 자유로운 생태계가 조성되도록 규제가 발목을 잡지 않아야 할 것입니다. 모쪼록 이 책이 이 시대를 이해하는 코드가 되기를 기원하며 저자와 스태프들의 노고에 거듭 감사한 마음을 전합니다. 수고하셨습니다.

2023, 봄날
강성주 드림
세종대 겸임 교수/前 과기정통부 우정사업 본부장

챗GPT가 등장한 지 불과 몇 개월 되지 않았는데 그 열풍이 뜨겁다. 얼마 지나지 않아 이용자가 1억 명을 돌파하는가 하면, 삼성 갤럭시 스마트폰이 검색 서비스 디폴트를 구글에서 챗GPT 4.0을 기반으로 하는 마이크로소프트의 빙으로 바꿀지도 모른다는 소식도 전해 오고 있다.

그런데 요즘 하루가 다르게 등장하는 새로운 기술들의 퍼레이드는 참 따라가기 쉽지 않다. 4차 산업혁명, 사물인터넷, 3D 프린팅, 블록체인, 핀테크, 비트코인, 이더리움, 메타버스, 머신러닝…, 쏟아지는 신조어의 홍수 속에서 이러한 새로운 기술은 더 이상 인간의 이기(利器)라기보다는 공포의 대상으로 다가오기 마련이다. 편리해지자고 만든 도구들이 오히려 개인의 삶을 불편하게 만들고 있지는 않은가?

그런데 챗GPT라는 요물은 희한하게도 질문만 잘하면 어떤 분야의 전문가가 아니라도 그 분야에 대한 지식을 쉽고 빠르게, 심지어 공짜로 이해할 수 있는 방법을 제시하고 있다. 이러한 인공지능 챗봇들과의 대화를 통해 어떤 특정한 분야에 대해 단 한 줌의 지식도 없는 사람이라도 순식간에 그 분야의 전문가 수준에 오를 수 있게 된 것이다. 미국의 경우 챗봇에 지시를 잘하는 직종인 프롬프트 엔지니어들은 연봉이 3~4억에 이른다고 한다. 말 한마디에 천 냥 빚 갚는 시대가 실제로 온 것이다. 물론 조건이 있다. 인공지능 챗봇과의 대화를 '잘' 진행해야 된다는 것이 그것이다.

이 책은 챗GPT를 이용해서 지금 현재 펼쳐지고 있는 신기술의 향연을 그 기술 분야의 생초짜가 어떻게 잘 이해할 것인지에 초점을 두었다.

제1장인 '4차 산업혁명과 초연결 사회'에서는 두 챗봇에게 현재가 어떤 시대인지를 묻는 대화에서 빙챗이 요즘을 4차 산업혁명 시기로 결론 내렸다. 이와 같은 시대 인식에서 출발하여 빙챗, 챗GPT, 그리고 다른 관련 서적을 같이 검토하면서 원시시대부터 4차 산업혁명기인 현재에 이르기까지 인류의 기술사를 정리하였다. 이 과정에서 요즘 시대는 4차 산업혁명 시대일 뿐만 아니라 초연결 사회이기도 하다는 것을 알게 되었으며 요즘 시대를 아우르는 핵심 기술을 인공지능, 메타버스, 블록체인, 그리고 플랫폼으로 축약하였다.

제2장인 '인공지능에 대해'와 제3장, '메타버스에 대해' 그리고 제4장의 '블록체인에 대해'에서는 두 챗봇과의 대화를 통해 각각 인공지능, 메타버스, 블록체인의 정의가 무엇인지, 경영자와 소비자의 입장에서 어떤 장단점이 있는지, 그리고 이들 기술을 활용한 비즈니스 사례로 어떤 서비스들이 한국을 포함한 전 세계에 제공되고 있는지 살펴보았다.

제5장인 '플랫폼에 대해' 역시 앞의 구성을 따라 플랫폼의 정의와 플랫폼 서비스의 장단점, 그리고 플랫폼을 활용한 사례를 한국과 미국에서 찾아 제시하였다. 그 과정에서 플랫폼의 성패를 좌우하는 두 요소를 '와서 머물게 하는' 콘텐츠와 특히 요즘 막 대두하기 시작한 공정 생태계의 구축으로 보았다.

요즘 시대는 쏟아지는 신기술의 범람 속에서 자칫하면 혼자 낙오가 될 거라는 불안감이 엄습하는 시대이다. 이와 같은 두려움은 실제로 많은 석학들이 걱정하고 있는 현실이기도 하지만, 한편으로는 평범한 일반인이 큰 부를 축적할 수 있는 기회가 될 수 있음을 지적하는 석학이 있기도 한 만큼, 걱정만 하고 있기보다는 더 적극적인 자세가 중요하다 하겠다. 4차 산업혁명이라는 용어를 창시한 클라우스 슈밥의 경우 1차 산업혁명을, 자본가와 노동자의 종속 관계로 몰아넣게 되는 과정을 통해 비판의 시점에서 분석하는 데 많은 시간을 할애하면서, 이후의 2~4차 산업혁명에서는 특정한 기술이 노동자 계급의 창의성과 만나 기대 이상의 부가 창출될 수 있음을 지적하고 있다. 이는 현재가 4차 산업혁명이 아니라 3차 산업혁명 시기라고 주장하며 슈밥과 반대의 입장에 서 있는 제레미 리프킨의 경우에도 비슷하다.

비슷한 맥락에서 이 책은 결국 요즘 시대의 비즈니스 트렌드에 대한 해답은 공정 생태계 플랫폼이라고 결론을 내리고 있다. 공정 생태계 플랫폼이란 그 플랫폼 안에서 비즈니스 경영자와 이용자를 동시에 만족시키는 비즈니스 모델로, 양측이 서로를 이해하며 일하고 준비한 만큼 서로가 공정한 차원의 보상을 받을 수 있는 시스템이며, 양측이 상생하며 동반 성장할 수 있는 비즈니스 모델인 것이다.

평범했던 일반인이 기대 이상의 부를 축적하거나, 경제 권력을 획득할 수 있었던 순간은 역사적으로 항상 있었다. 3차 산업혁명 이전에는 주로 장사의 기술과 장인의 기술이 빛을 발했던 순간들이 이에 해당되었고, 3차 산업혁명 이후에는 주식 붐, 닷컴 전성시대, 벤처 열풍, 아이티(IT) 기업 열풍 등이 이러한 순간에 해당되겠다. 이 책은 "블록체인 기술을 바탕으로 인공지능과 메타버스 등으로 콘텐츠를 관리하는 플랫폼 사업이 등장하는 이때가 바로 그 순간에 속한다"고 결론을 내리며, 독자들이 이 기회를 꼭 살릴 수 있기를 바라면서 마무리를 하였다.

2023년 5월 화국 연구소에서

정욱진

챗GPT 3.5가 나온 얼마 뒤 챗GPT 4.0도 개발이 되어 빙챗 서비스를 통해 무료로 이용할 수 있다. 빙챗(BingChat)은 마이크로소프트(Microsoft)에서 제공하는 검색엔진 빙을 실행하여 메뉴바의 두 번째 항목인 '채팅'을 눌러 실행하면 된다.

챗GPT 3.5(ChatGPT 3.5, 이하 챗GPT)는 오픈AI(OpenAI)의 홈페이지에 접속해서 회원가입 절차를 거칠 필요가 있다. 두 챗봇 모두 무료이지만 해당 사이트에 로그인된 상태여야 인공지능 챗봇 서비스가 실행된다.

이 책은 4차 산업혁명기 혹은 초연결 사회로 명명할 수 있는 현재에 통하는 비즈니스 트렌드를 빙챗과 챗GPT라는 두 인공지능 챗봇을 통해 탐문하는 절차를 수록하였다. 이러한 과정에서 비즈니스 경영자와 이용자의 시각을 동시에 반영하여 각각의 주요 기술이 어떤 장점을 가지고 있고, 이를 어떻게 잘 활용할 수 있으며, 또한 이를 잘 활용한 비즈니스 모델로 어떤 사례가 있는지 살펴보았다.

새로운 기술을 이해하려는 당사자들은 그 기술을 써서 비즈니스를 하려는 경영자분들과 그렇게 마련된 서비스를 이용하려는 이용자로 나눌 수 있으므로 자연히 이 책의 시각도 비즈니스 경영자와 이용자(=소비자

혹은 투자자)의 입장을 반영해서 구성하였다. 관건은 역시 인공지능 챗봇과의 대화를 얼마나 잘 진행하는가에 달렸는데, 이 책이 하나의 모델이 될 수 있을 것 같다.

　또한 이 책은 학과 숙제나 논문을 준비하는 대학생은 물론 대학원생을 포함한 전문적인 학자들도 충분히 참조할 만하다. 즉, 숙제나 논문의 주제를 명확한 형태로 수렴시키고 싶은 분들의 경우 인공지능 챗봇을 어떻게 잘 사용해서 이 책의 목표인 요즘 비즈니스 트렌드에 대해 알아내는지 그 과정을 체크해 보면 크게 도움이 될 것 같다.

　이 책에서 빙챗과 챗GPT에 탐문하여 얻은 결과는 수정을 가하지 않고 그대로 인용하였는데, 맞춤법 실수와 같은 명백한 에러는 교정을 하였음을 일러둔다. 아울러 챗GPT의 경우 같은 질문에도 다른 대답을 할 때가 있으므로 이 또한 알아 두는 게 좋겠다. 사실 챗GPT에게 같은 질문이나 비슷한 질문을 여러 번 해서 그 답들을 비교해 보는 것이 때로 원하는 정보에 접근할 수 있는 좋은 전략에 속한다. 이 책에서도 이 부분을 충분히 활용하였다.

목차

제1장 4차 산업혁명과 초연결 사회

제2장 인공지능에 대해

제3장 메타버스에 대해

제4장 블록체인에 대해

제5장 플랫폼에 대해

4차 산업혁명과 초연결 사회

우리의 목표는 빙챗과 챗GPT를 활용해서 요즘 시대의 비즈니스 트렌드를 파악하는 것이다. 이 목표의 달성을 위해서 우리는 먼저 두 가지를 검토해 봐야 한다. 우선 빙챗과 챗GPT와 어떻게 대화를 할 것인지를 체크해 둬야 되고, 다음으로 요즘 시대가 과연 어떤 시대인지를 확인해야 되겠다.

1. 빙챗과 챗GPT의 특징

빙챗 그리고 챗GPT와의 대화를 통해 요즘 비즈니스 트렌드에 대한 지식을 습득해 보는 게 우리의 목표이다. 그런데 목표 달성에 본격적으로 나서기 전에 우선 빙챗과 챗GPT가 자기 자신들이 어떤 기술을 채택하고 있는지, 그리고 어떻게 이들을 잘 활용할 수 있는지 직접 물어보는 준비 과정을 거칠 필요가 있겠다. 먼저 빙챗과 챗GPT에게 각각 자신과 상대방의 기술적인 부분에 대해 질문을 했다.

문: 빙챗은 인공지능인가요? 맞다면 어떤 종류의 인공지능인가요?

> 빙챗: 네, 빙챗은 인공지능 챗봇입니다. 인공지능 챗봇은 인공지능(AI), 자연
> 어 처리(NLP), 지식 데이터베이스 등의 기술을 활용하여 사용자와 대
> 화를 나눌 수 있는 소프트웨어입니다. 인공지능 챗봇은 사용자의 메시
> 지의 의미를 이해하고, 인간과 유사한 방식으로 응답하도록 설계되었
> 습니다.
>
> 챗GPT: 빙챗(Bing Chat)은 마이크로소프트(Microsoft)에서 개발한 인공지능
> 챗봇입니다. 빙챗은 자연어 처리(NLP)와 기계 학습(Machine Learn-
> ing) 기술 등의 인공지능 기술을 사용하여 사용자와 대화를 나누고,
> 질문에 대한 답변을 제공합니다. 따라서 빙챗은 인공지능에 속하는
> 기술 중 하나인 자연어 처리 기술을 사용하는 챗봇으로 분류됩니다.

빙챗과 챗GPT에 따르면 빙챗은 마이크로소프트에서 개발한 인공지능 챗봇인데 자연어 처리와 머신러닝 등의 인공지능 기술을 사용하여 질문 자에게 원하는 답을 제공해 준다고 한다.

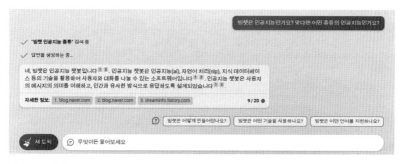

사진 1-1: 빙챗과의 대화 장면 캡처

문: 챗GPT는 인공지능인가요? 맞다면 어떤 종류의 인공지능인가요?

빙챗: 네, 챗GPT는 인공지능입니다. 챗GPT는 OpenAI에서 개발한 대화형 인공지능 챗봇 분야에서 사용되는 대규모 언어 모델입니다. 챗GPT는 "Generative Pre-trained Transformer"의 약자로, 자연어 처리 분야에서 중요한 역할을 하는 모델입니다.

챗GPT: 네, 챗GPT(ChatGPT)는 인공지능입니다. 챗GPT는 GPT(Generative Pre-trained Transformer)라는 딥러닝 모델을 기반으로 한 자연어 처리(NLP) 인공지능 모델입니다. 즉, 챗GPT는 기계 학습과 자연어 처리 기술을 결합하여 대화를 생성하고 이해하는 인공지능 모델 중 하나입니다. GPT 모델은 텍스트 생성, 기계 번역, 요약 등 다양한 NLP 태스크에서 우수한 성능을 보이는 모델로 알려져 있습니다.

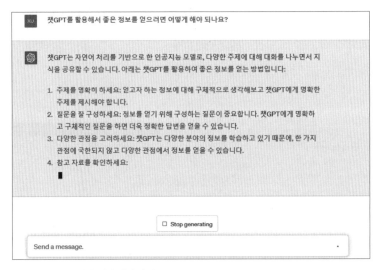

사진 1-2: 챗GPT와의 대화 장면 캡처

챗GPT에 관해서 물었더니 빙챗에 대한 정보와 거의 동일한 결과가 나왔다. 즉, 챗GPT는 OpenAI에서 개발한 인공지능 챗봇으로 빙챗처럼 딥러닝과 자연어 처리 기술을 활용한 모델이라는 것이다.

2. 빙챗과 챗GPT의 활용법

다음으로 빙챗과 챗GPT를 잘 활용하려면 어떻게 해야 되는지 물어보기로 하자. 먼저 빙챗에게 빙챗 활용법에 관해 물어보았다.

문: 빙챗을 활용해서 좋은 정보를 얻으려면 어떻게 해야 되나요?

빙챗: 빙챗을 활용하여 좋은 정보를 얻으려면 다음과 같은 방법을 추천합니다.
1. 명확한 검색어를 사용하세요.
2. 검색 결과에서 중요한 정보를 찾아내세요.
3. 검색 결과에서 참고할 만한 웹사이트를 확인하세요.
4. 빙챗이 제공하는 추가 정보를 확인하세요.

빙챗의 활용에서 빙챗이 가장 중요하게 제시하는 것은 명확한 검색어의 사용이다. 빙챗은 이후 자기가 보여 주는 답에서 필요한 정보를 찾은 후 인용한 웹사이트를 제시하면서 관련된 추가 정보를 계속해서 얻어 나가기를 추천하고 있다. 여기서 추가 정보를 계속 얻어 나가는 방법은 필요한 정보에 대해 더 자세한 접근법을 제시하기도 하지만, 특히 빙챗이 제공한 정보가 정확한 것인지 교차 검증할 수 있는 기회가 될 수도 있다.

다음에는 챗GPT에게 챗GPT의 활용법에 관해 물어보자.

문: 챗GPT를 활용해서 좋은 정보를 얻으려면 어떻게 해야 되나요?

챗GPT: 챗GPT는 대화를 생성하고 이해하는 인공지능 모델이기 때문에, 대화를 통해 원하는 정보를 얻을 수 있습니다. 다음은 챗GPT를 활용하여 좋은 정보를 얻는 방법입니다.

1. 자연스러운 질문을 준비합니다. 챗GPT는 자연어 처리 기술을 사용하기 때문에, 대화를 위한 자연스러운 질문을 준비하는 것이 중요합니다. 또한, 질문을 명확하게 구성하여 챗GPT가 이해하기 쉽게 해야 합니다.

2. 적절한 키워드를 사용합니다. 챗GPT는 키워드를 이용하여 관련된 정보를 찾아내기 때문에, 적절한 키워드를 사용하는 것이 중요합니다. 예를 들어, "코로나19" 대신 "코로나바이러스"나 "팬데믹"이라는 키워드를 사용할 수 있습니다.

3. 대화를 이어 나가며 추가적인 정보를 얻습니다. 챗GPT는 대화를 이어 나가면서 추가적인 정보를 얻을 수 있습니다. 따라서, 대화를 계속 이어 나가며 필요한 정보를 물어보는 것이 좋습니다.

4. 검증된 출처를 확인합니다. 챗GPT에서 제공하는 정보가 신뢰할 만한 정보인지를 확인하기 위해서는 검증된 출처를 확인하는 것이 좋습니다. 인터넷에서 검색한 정보와 비교하여, 신뢰할 만한 출처에서 제공하는 정보인지를 판단하는 것이 중요합니다.

5. 질문을 다양하게 구성합니다. 챗GPT는 다양한 형태의 질문에 대해 대화를 이어 나갈 수 있습니다. 따라서, 질문을 다양하게 구성하여 다양한 정보를 얻는 것이 좋습니다. 예를 들어, "코로나19는 어떤 증상이 나타날까요?" 대신에 "코로나19 증상 중 가장 흔한 것은 무엇인가요?"와 같은 질문을 사용할 수 있습니다.

챗GPT는 스스로의 활용법에 대해 빙챗보다 길게 대답을 하였다. 하지만 전체적으로 보면 빙챗에게 물어본 결과와 큰 차이가 없고 좀 더 자세하게 예를 들어 설명을 하고 있다는 것을 알 수 있다. 즉 1-2번은 질문의 명확성과 관련되어 있고, 3-5번을 진행하면 더 많은 관련 정보를 얻을 수 있는데 이 과정에서 자연스럽게 정보의 교차 검증이 이루어지는 것이다. (사실 빙챗과 챗GPT라는 두 인공지능 챗봇에게 같은 질문을 물어 그 대답을 비교한다면 그것만으로도 이미 1차적인 교차 검증을 하게 되는 것이라고 볼 수 있다.)

따라서 우리는 빙챗과 챗GPT에게 질문을 할 때 다음과 같은 원칙을 세워서 질문을 하기로 하자.

1. 자연스러운 대화문으로 질문한다.
2. 명확한 검색어(키워드)를 사용해서 질문한다.
3. 질문을 다양하게 해서 얻은 정보에 대해 교차 검증한다.
4. 대답해 준 정보를 웹사이트나 다른 자료를 통해 교차 검증한다.

3. '요즘 시대'에 대한 판단

두 인공지능 챗봇에게 질문하는 원칙을 세웠으니 이제부터 본격적으로 질문을 통해 요즘의 비즈니스 트렌드를 파악해 보기로 하고, 우선 현재의 시대를 어떻게 정의하고 있는지부터 알아보면서 차근차근 목표에 접근해 보자.

문: 현재는 어떤 시대인가요?

> 빙챗: 현재는 제4차 산업혁명 시대입니다. 제4차 산업혁명은 인공지능, 빅데이터, 사물인터넷 등의 기술이 발전하면서 기존 산업과 새로운 산업이 융합되고, 새로운 가치를 창출하는 혁명입니다.
>
> 챗GPT: 현재는 2023년 4월 5일이며, 이는 인공지능 모델인 ChatGPT가 생성한 가상의 시간입니다. 이 모델은 2021년 9월까지의 지시을 기반으로 작동하고 있기 때문에 실제 세계의 현재 시대와는 다를 수 있습니다. 실제 세계의 현재 시대를 확인하려면 현재 날짜와 시간을 참고해 주시기 바랍니다.

"현재는 어떤 시대인가"라는 질문 자체가 모호할 수 있지만 두 인공지능의 대답이 궁금해서 일단 두 인공지능에게 질문을 강요했더니 놀랍게도 같은 질문에 대해 전혀 상반된 결과가 나왔다. 빙챗은 질문의 의도를 정확하게 알아차리고 현재를 4차 산업혁명의 시대라고 기술적 차원에서 접근한 답을 제시한 반면에, 챗GPT는 현재의 물리적 시간과 관련된 답을 제시했다. 이것은 빙챗이 질문자의 의도를 파악하는 데 있어 좀 더 세련되었음을 의미한다. 이처럼 인공지능은 질문이 모호할 경우 질문자의 의도와는 전혀 다른 대답을 제시할 수 있음을 염두에 둬야 하겠다.

그림 1-1: 빙챗은 현재를 4차 산업혁명 시대로 파악하고 있다

빙챗은 현재의 시대를 4차 산업혁명기라고 판단하고 있다. 여기서 우리의 최종 목표가 구체화될 수 있겠다. 즉, 이러한 빙챗의 판단을 따라 4차 산업혁명 시대에 성공할 수 있는 비즈니스 트렌드가 무엇인지 알아내는 것이 바로 우리의 목표인 것이다.

그런데 앞의 간단한 테스트에서도 알 수 있듯이 우리가 원하는 대답을 얻기 위해서는 인공지능 챗봇들로부터 어떻게 정확한 정보를 얻을 수 있을 것인지 빙챗과 챗GPT를 시험해 볼 필요가 있다. 그 과정에서 이들의 특성을 이해한다면 이들과의 대화를 통해 우리가 원하는 정확한 정보를 얻는 데 큰 도움이 될 것이다. 먼저 4차 산업혁명으로 들어가기 전에 인류의 기술사가 어떻게 펼쳐졌는지에 대해 빙챗과 챗GPT에게 질문을 해 보고 그들의 대답을 관련 저서와 비교, 검토를 통해 검증해 보면서 두 인공지능 챗봇의 특성을 파악해 보는 한편, 4차 산업혁명 시기 기술의 새로운 트렌드가 어떻게 준비되었는지 그 지난한 예비 과정을 탐색해 보기로 하겠다.

4. 구석기시대와 신석기시대의 기술

(1) 구석기시대의 기술

인류가 기술적 발전을 이루기 시작한 것은 이미 수백만 년 전의 구석기시대부터라고 할 수 있다. 기술의 역사를 돌이켜 보건대 그 가장 큰 동력은 자연으로부터 인류 생존을 담보하기 위한, 인류의 본능적이면서도 숙명적인 과업이라고 할 수 있는, '노동의 생산성 향상'이라고 하겠다. 이 시기 인류는 수렵과 채집을 통해 생활을 영위했다. 채집과 수렵 활동은 도구의 발전으로 이어졌는데 이로써 자연스럽게 생산성 향상이 기술의 발전에 가장 중요한 명제가 되었다.

이 시기의 주요한 기술적 성취는 타제석기와 불의 사용에서 발생했다는 것은 자명한 사실인데 빙챗과 챗GPT는 어떻게 생각하는지 알아보자.

문: 구석기시대의 기술에 대해 알려 주세요.

> 빙챗: 구석기시대의 기술은 석기를 만드는 기술이었습니다. 후기 구석기시
> 대에는 새기개, 돌날, 돌날몸돌 등의 훌륭한 기술이 필요한 석기를 제
> 작하였습니다. 뗀석기는 구석기시대를 대표하는 유물 중 하나입니다.

　빙챗의 대답은 간단하다. 빙챗 스스로가 자연스럽게 대화를 이어 나가
면서 필요한 정보를 알아내라고 제시한 원칙을 따라서 더 궁금한 것을 물
어보도록 하자. 빙챗의 대답에서도 알 수 있지만, 사실 구석기시대는 뗀
석기(혹은 타제석기)의 시대라고 해도 과언이 아니다. 따라서 뗀석기에
대해 더 질문을 해 보자.

문: 뗀석기가 뭐예요?

> 빙챗: 뗀석기는 돌을 깨서 만든 석기로 구석기시대를 대표하는 유물 중 하나
> 입니다. 보통 나무를 자르거나 동물을 사냥할 때 쓰인 것으로 추정되
> 며, 르발루아 기법으로 부싯돌을 다듬는 모습이 유명합니다.

　빙챗의 대답에서 뗀석기는 돌을 깨서 만든 석기를 일컫는다는 것을 알
수 있는데 이는 우리의 일반적인 상식과 일치한다. 빙챗은 계속해서 뗀
석기의 대표적인 제조법으로 르발루아 기법을 제시하고 있다. 이 기법에
관해 계속해서 질문을 이어 나가면 원하는 대답을 얻을 수 있을 것이지
만, 이것은 우리의 큰 관심사가 아니기 때문에 이쯤에서 그치고, 같은 질

문에 대해 챗GPT의 대답을 들어보자.

사진 1-3: 뗀석기(출처: 국립중앙박물관)

문: 구석기시대의 기술에 대해 알려 주세요.

챗GPT: 구석기시대는 인류 역사에서 초기 단계로서, 석기와 목재 등 자연의 자원을 이용하여 도구를 만들고 사용하는 시기를 말합니다. 구석기시대는 대략 250만 년 전부터 시작하여, 농업과 금속 사용이 시작되는 약 1만 년 전까지의 기간을 포괄합니다. 구석기시대는 크게 세 가지 시기로 나누어지는데, 이는 "구석기 초기 시대", "중기", "후기"로 알려져 있습니다.

구석기 초기 시대(기원전 250만 년경부터 기원전 1만 년경까지)에는 돌을 갈아서 예리한 돌 도구를 만들었습니다. 돌 도구는 사냥과 식량을 얻고, 불을 사용하는 데에도 사용되었습니다. 또한 동물의 뼈, 가죽,

목재 등을 이용하여 도구를 만드는 기술도 발달하였습니다.

구석기 중기(기원전 30만 년경부터 기원전 1만 년경까지)에는 돌의 노릇을 담당하는 것이 무엇보다 중요한 기술이었습니다. 이 시기에는 돌을 갈아서 예리한 도구를 만들기보다, 돌의 가공 기술이 발달하여 무기나 도구를 만들기 위해 돌을 다듬는 기술이 등장했습니다. 또한 화석 연료를 이용하여 불을 사용하는 기술이 개발되었고, 인간의 머리카락에서 만든 물품이나 동물 뼈로 만든 도구 등의 장식품이 등장하기 시작했습니다.

구석기 후기(기원전 4만 년경부터 기원전 1만 년경까지)에는 석기 도구뿐 아니라 토기, 가죽, 목재 등 다양한 자원을 이용한 도구와 생활용품이 개발되었습니다. 이 시기에는 사냥과 수렵뿐만 아니라 농업과 가축 양식을 시작하여 농업과 금속 사용이 처음으로 등장하기 시작한 시기로 알려져 있습니다. 농업과 금속 사용의 등장은 인류의 문명 발달의 시작을 알리는 중요한 사건 중 하나로 평가되고 있습니다. (이하 결론 생략)

챗GPT의 대답은 몇 가지 면에서 흥미로운데 우선 길이가 빙챗의 그것에 비해 매우 길다는 것이고 전체적으로 서론, 본론, 결론으로 나누어서 짧은 글쓰기 형식으로 대답을 한다는 것이 눈에 띈다. 결론의 경우 형식적으로 몇 마디 덧붙여진 표현들로 구성되었음이 눈에 띈다. 따라서 앞으로 소개될 챗GPT의 대답에서 결론에 해당하는 부분은 꼭 필요한 경우가 아니라면 생략하기로 하겠다.

다음으로 결정적인 문제점이 드러나는데, 구석기시대의 시기 구분에서 보이듯이 정확하지 않은 정보가 포함되어 있다는 것을 알 수 있다. 즉 구석기 전기, 중기, 후기가 모두 1만 년 전에 끝나는 걸로 되어 있는데 이 것은 오류일 가능성이 높으므로, 다른 자료 혹은 빙챗이나 챗GPT에게 반 복 질문을 통해 교차 검증을 해서 바로잡아야 할 사항이다. 빙챗에게 구 석기시대의 시기 구분을 물었더니 다음과 같은 대답을 해 줬다.

전기 구석기: 지역에 따라 다르지만, 200만 년 전에서 10만 년 전의 시기로 추측

중기 구석기: 지역마다 꽤 많은 연대 차가 존재하지만, 30만 년 전에서 3만 년 전까지의 기간

후기 구석기: 후기 구석기시대는 약 4만~5만 년 전부터 기원전 7,000~9,000 년까지

빙챗의 대답은 실제 기술의 역사를 상술한 여러 저서에서 제시하고 있 는 구석기시대의 시기 구분과 일치하므로 앞에서 챗GPT가 제시한 시기 구분을 빙챗의 대답으로 수정할 필요가 있다.

그런데 사실 챗GPT가 여기서 구석기시대에 대해 설명한 대답 중에서 가장 논쟁적인 것은 뗀석기 혹은 타제석기에 대한 자세한 설명이 없다는 것이다. 이는 '구석기=뗀석기'라는 가장 중요한 사실조차 제시하지 못하 는 수준 미달의 대답이다. 이런 결과가 나온 이유는 역시 챗GPT의 특성 중에 하나가 여러 자료에서 정보를 수렴하는 과정에서 가치 판단에 해당 하는 중요성에 대한 고려가 결여되어 있기 때문인 것으로 보인다. 그렇

기 때문에 챗GPT 스스로가 자연스러운 대화를 계속해서 알고자 하는 정보를 지속적으로 추려 나가라고 권고하고 있는 것이다.

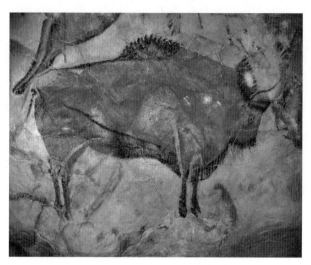

사진 1-4: 알타미라 동굴 벽화

한편, 상술했듯이 구석기시대의 주요한 기술 중의 하나인 불의 사용에 있어서는 빙챗이 미처 대답을 하지 못했고, 오히려 챗GPT가 이를 언급하고 있다. 구석기인들은 불을 사용하게 되면서 화식을 통해 다양한 음식을 건강하게 섭취하는 게 가능해졌고, 화로 등의 개발로 추위에 대항할 수 있게 되면서 공동생활이 더욱 촉진됐으며, 이는 또한 인류의 지혜가 모아져 기술이 더 발전하고 계승되는 촉진제가 되었다. 챗GPT는 이를 놓치지 않고 있는 것이다.

이처럼 빙챗과 챗GPT는 같은 질문에도 서로 대답이 다를 수 있는데, 그 차이를 따져 보면서 보완하면 우리가 찾는 해답에 근접한 결과가 도출

될 수 있는 가능성이 있음이 보인다.

(2) 신석기시대의 기술

이제 다음 시기인 신석기시대로 넘어가자. 신석기시대에는 기온이 올라가게 되면서 곡식의 재배가 가능해졌다. 인류는 이 시기에 노동생산성 향상을 위해 수많은 도구를 개발하게 되는데 이를 제1의 물결(최초의 기술 혁명)로 부르기도 한다. (송성수, 14-15)

농경은 기본적으로 수렵과 채집에 비해 정교하고 복잡한 일련의 작업을 요구했으므로 인류가 이전보다 더 발달된 도구를 쓰게 된 것은 또한 당연한 귀결이었다. 우리는 이 시기의 석제 도구를 마제석기라 부르며 이는 토기와 함께 신석기시대 기술의 결정체였다. 타제석기는 돌과 돌을 부딪쳐 형태를 목적에 대충 맞춰 사용한 도구인 데 반해, 마제석기는 돌을 갈아서 설계한 도구를 정확하게 만들어 낸 결과물이었다. 잉여의 농작물은 토기의 발명과 제작으로 보관이 가능해졌고 이는 사회계층의 분화로 이어졌다고 한다.

4차 산업혁명이라는 용어의 창시자인 클라우스 슈밥은 특히 인간이 약 1만 년 전 수렵 채집에서 정착하여 농사를 짓게 된 것을 인류사의 첫 번째 중대한 변화로 보고 있다. (클라우스 슈밥, 2022, 222-240) 그는 이러한 변화를 파악하는 데 그 중요성을 안정적인 식량의 확보에 두고 있으며, 이와 같은 목표를 달성하기 위해 인류는 점점 쟁기, 바퀴, 토기, 철기와 같은 기술을 비약적으로 발전시키게 되고, 이로 인해 마침내 인류는 농업 혁명을 일으키게 되었다고 보고 있다. 농업 혁명은 이전과는 다른 차원의 작물 생산량으로 이어졌고 슈밥은 이러한 변화가 정치적, 경제적, 사회적으로 발전시키는 원동력이 되었다고 파악하고 있다. 즉 정치적으로는 잉여 식량으로 인해 다양한 직업으로 계층이 분화되고 계급이 나타나기 시작했고, 경제적으로는 교역과 분업으로 인해 전체적으로 부가 소폭 증가했으며, 사회적으로는 마을에서, 도시, 사회, 그리고 초기 형태의 왕국으로까지 발전을 이루게 되었다는 것이 그것이다. 이후 그는 불평등한 계급적 분화가 잉여 생산물의 불평등한 분배로 이어지는 역사가 동서양을 막론하고 전 지구적으로 거의 동일하게 지속되었음을 지적하고 있다.

이러한 배경을 염두에 두면서 챗봇에게 신석기시대의 기술에 관한 질문을 해 보자.

문: 신석기시대의 기술에 대해 알려 주세요.

빙챗: 신석기시대는 구석기시대 다음 시대로 농경과 정주, 토기, 마제석기, 궁시 등을 주요 문화적 지표로 하는 시대입니다. 신석기시대의 석기 제작 기술은 눌러떼기, 두드려 때리기, 갈기, 자르기 방법 등이 사용되었습니다. 석기 제작 기술은 석기의 종류와 집단의 문화적인 전통에 따라 여러 종류가 있었습니다. 신석기시대의 기술 중 하나인 눌러떼기는 몸체를 마련하거나 형태를 잡기 위해 주로 사용되는 기술이며, 뿔이나 뼈 등의 비교적 무른 도구의 뾰족한 끝으로 석기의 가장자리에 힘을 주어 다듬거나 잔손질을 하는 방법입니다. 잔손질은 석기의 가장자리에서 깊이 1㎝ 미만으로 미세 조정하는 기술이며 대체로 긁개, 작살, 밀개 등 소형 석기의 세부 조정에 주로 이용됩니다. 토기 제작 기술도 발달하였으며,

신석기시대 후반부에는 도자기를 만들어 사용하기도 했습니다.

챗GPT: 신석기시대는 인류가 처음으로 돌과 도구를 사용하기 시작한 시기로, 기원전 10,000년경부터 기원전 3,000년경까지 지속되었습니다. 이 시기에는 다양한 기술이 개발되어 사용되었으며, 그중 일부는 아래와 같습니다.

1. 돌 도구: 돌은 신석기시대의 가장 중요한 자원이었습니다. 돌로 만든 도구들은 사냥, 식량 수집, 건축 등에 사용되었습니다.

2. 화구: 신석기시대의 사람들은 불을 사용하기 시작했습니다. 화구는 불을 만들기 위해 사용되었으며, 일부 지역에서는 화구를 사용하여 요리하기도 했습니다.

3. 토기: 신석기시대 후반부터는 토기 제작 기술이 발달하기 시작했습니다. 토기는 음식을 저장하고 조리하기 위해 사용되었습니다.

4. 동물 가공: 신석기시대 사람들은 동물 가죽, 뼈, 깃털 등을 가공하여 의류나 집기 등을 만들기도 했습니다.

5. 농업: 신석기시대 후반부터는 농업이 발달하기 시작했습니다. 인류는 밀, 보리, 콩 등의 작물을 재배하고 가축을 기르기 시작했습니다.

6. 언어: 신석기시대 사람들은 언어를 개발하여 의사소통을 하기 시작했습니다. 이를 위해 그림이나 기호 등을 사용하기도 했습니다.

7. 장식품: 신석기시대 사람들은 자신들의 몸을 장식하기 위해 다양한 장식품을 만들었습니다. 예를 들어, 귀고리, 목걸이, 팔찌 등이 있습니다. (이하 결론 생략)

신석기시대의 기술에 관한 두 인공지능 챗봇의 대답을 합치면 완벽한 해답이 완성된다. 신석기시대의 가장 중요한 기술적 변화는 농경과 그로 인한 정착 생활(빙챗은 "정주"라고 표현), 토기, 마제석기(혹은 간석기), 언어의 사용이라고 할 수 있는데 두 챗봇의 답을 합치면 완정성(完整性)이 높아진다.

사진 1-5: 간석기(출처: 국립중앙박물관)

빙챗은 상대적으로 신석기시대의 중요 기술에 대해 명확하게 제시하는 편이고, 챗GPT는 이에 비해 두루뭉술하게 여러 선택지를 제시했는데 그중에 언어의 경우 빙챗이 미처 생각하지 못한 부분이다. 즉, 빙챗의 대답을 기준으로 전체적인 답의 구성을 완성하고, 챗GPT의 대답으로 보충하면 완성된 결론이 나옴을 알 수 있다.

5. 석기시대 이후 인류의 기술사

석기시대 이후 인류의 기술사는 청동기시대, 철기시대, 중세 시대를 거쳐, 1차 산업혁명 시기, 2차 산업혁명 시기, 3차 산업혁명 시기, 그리고 4차 산업혁명 시기 등으로 시기 구분이 가능하다. 이 모든 시기의 기술사에 대해 빙챗과 챗GPT와의 대화를 여기서 전부 기록하는 것은 지면 관계상 불가능하기 때문에, 앞에서와 같은 방식으로 빙챗과 챗GPT에 질문하면서 기술사에 관한 저서들을 참고하여 3차 산업혁명 시기까지의 기술사를 다음과 같이 먼저 정리해 보았다. 이상의 요약이 마쳐진 후에 빙챗과 챗GPT에게 4차 산업혁명에 대한 탐문을 하기로 하겠다.

(1) 청동기~근대의 기술사

신석기시대 이후 인류는 금속을 도구로 사용하는 시기로 접어들게 된다. 인류는 불을 이용해 금속의 제련이 가능해지면서 약 5,000년 전에 청동기 시대로 그리고 약 3,000년 전에 철기의 시대로 접어든다.

이 시기 기술 발전에 영향을 준 가장 큰 변화는 중앙집권적 왕권 제도의 확립과 직업의 분화에 있었다. 이 시기에는 왕을 중심으로 가신과 군인 계급, 그리고 사제 계급이 자리를 잡기 시작했으며, 장인 계급, 상인 계급과 노예 계급 등도 생겨났다.

이 시기에는 금속 가공과 문자 사용 외에도 다양한 기술의 발전을 이루게 되었고 이러한 기술 발전은 그리스, 로마 시대에도 지속되었다. 이상의 시기에 인류의 부는 물론 권력자 위주로 재편되었다. 정치, 상업, 군대는 물론 다양한 기술에 종사하던 일반인들에게도 능력에 따라 부를 누릴 수 있는 기회가 주어졌지만 극히 제한적이었다.

중세(5세기~15세기)에 이르게 되면 경제 규모가 팽창하게 되고, 이는 상공업의 발전으로 이어진다. 이 시기에 다양한 기술이 발전하는데, 구두장이, 양복장이, 제빵사, 목수, 석공, 대장장이 등과 같은 전문적인 장인들이 출현하게 되었다.

이와 같은 고도의 개인적인 기술을 가진 장인들이 결국은 근대(18세기 ~19세기)에 이르러 1차 산업혁명을 일으키는 주체 세력이 되었다. 이들에 의해 근대와 중세 사이에 활자 기술 등이 이미 충분히 발전되어 있었다. 즉, 근대 이전에 전문 지식이 대중적으로 크게 확대될 수 있는 기반이 마련되어 있는 상태였다. (김희철, 18)

이는 출신이 한미한 일반인에게도 부를 축적할 수 있는 기회가 생겼다는 데 큰 의미가 있는 사건이었다. 여기에 증기기관의 발명과 개발은 기폭제가 되어 다양한 산업에 응용됨으로써 마침내 1차 산업혁명이 발생하게 되는 것이다.

(2) 제1차 산업혁명

제1차 산업혁명은 좁은 의미에서 18세기 영국에서 시작된 기술적 혁신을 일컫고, 넓은 의미에서는 이러한 혁신이 결국 단계적으로 전 지구적인 사회경제적 변화를 이끌어 인류의 문명에 큰 변동을 일으킨 총체적 현상을 의미한다. 좁은 의미에서 봤을 때 1차 산업혁명은 증기기관과 방직기·방적기 등의 발명과 공장제의 확립에 크게 기인하고, 넓은 의미에서 보면 자본가들의 자본축적이 식민지를 확대하면서 전 지구적으로 시장을 넓혀 가는 구조적 현상에 의해 발생하였다고 볼 수 있다.

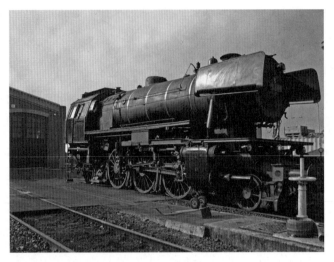

사진 1-6: 증기기관차

클라우스 슈밥은 19세기 초반에 이르자 영국의 증기기관차, 증기선, 증기기계가 세계를 장악했고 영국 기업가들이 세계에서 가장 성공적인 기업가가 되었다고 보고 있다. (클라우스 슈밥, 2022, 222-240) 그는 특히 영국의 농업과 직물업의 통계적 수치에 주목하고 있는데, 이전까지 연평균 0.1-0.2%에 불과했던 경제성장률이 연간 몇 %씩 성장하기 시작했다고 언급한다.

슈밥은 자본주의적 모델을 무역을 통해 성장한 베네치아 상인들에서 그 원형을 찾고 있는데 1차 산업혁명의 승자인 영국 기업가들은 무역 대신 기계와 공장에 의존하여 더 큰 승리자가 되었다고 평가한다. 그는 이러한 기업가들이 세계시장을 마음대로 주무르며 자본주의의 정점에 서서 노동자들의 착취로 이어지는 점에 주목하였다. 결론적으로 그는 1차 산업혁명은 이를 주도한 국가들, 특히 자본가들에게 엄청난 부를 가져다줬지만 하층의 단순 노동자 계급의 사람들에게는 엄청난 고통을 안겼다고 평가하였다. (클라우스 슈밥, 2022, 222-240)

(3) 제2차 산업혁명

이후의 제2차 산업혁명은 전기의 시대라고 정의할 수 있겠는데 그 시점은 1차 산업혁명이 막 정점에 이르기 시작한 19세기 후반부터였다. 이 시기의 가장 상징적인 사건은 에디슨의 백열등 개발이었다. 에디슨은 백열등에 더해 전력 공급, 전선 생산, 발전소 건립 등을 통해 전기의 일상적 공급에 크게 공헌을 했고 이후 등장한 테슬라의 교류 전기 시스템이 전기의 대중화에 방점을 찍게 되었다.

사진 1-7: 토마스 에디슨

슈밥은 2차 산업혁명이 내연기관의 발전과 전기의 상용화에 의해 이루어진 것으로 판단하였다. 이후 그는 두 차례의 세계 대전이 전 지구적 경제의 역동성을 방해한 것으로 평가하였으며, 세계가 이와 같은 위험에서 벗어난 1945년을 기술이 서구의 노동자와 중산층에 긍정적인 역할을 하게 된 기점으로 이해하고 있다. 그는 칼 프레이의 《테크놀로지의 덫》을 인용하며, 서구에서 일반 노동자들이 자동차, 세탁기, 에어컨 등 문명의 이기를 감당할 수 있는 시대가 도래했음을 지적하였고, 이러한 기술의 발전이 노동자들에게 고된 노동으로부터 벗어나 많은 기회를 창출할 수 있게 된 원동력이 되었다고 긍정적인 평가를 내리고 있다. (클라우스 슈밥, 2022, 222-240)

(4) 제3차 산업혁명

제3차 산업혁명은 일반적으로 컴퓨터와 인터넷 등의 개발로 인한 통신 혁명을 일컫는다. 현대식 컴퓨터는 에니악의 발명으로 시작된다. 전자식 숫자 적분 및 계산기(Electronic Numerical Integrator And Computer; ENIAC, 에니악)는 1946년에 모슬리와 에커트가 제작하였다. 에니악은 매초 5,000회 덧셈에 14회 곱셈을 실행할 수 있었는데 당시로서는 획기적인 기술의 발전이었다. 하지만 에니악은 효율성에서 문제가 있었다. 거대한 전력을 소모하는 것은 물론, 엄청난 열이 발생하였으며, 고장도 잦았다.

한편 컴퓨터는 소재가 진공관에서 트랜지스터로 대체되면서 또 한 번의 전기를 맞게 되는데, AT&T에 의해 대량으로 제작된 트랜지스터가 컴퓨터의 크기를 줄이면서도 효율을 높였다.

컴퓨터 기술이 통신 기술의 발전과 접합점에 생기게 된 것이 3차 산업혁명의 도화선이 되었다. 컴퓨터가 처음으로 통신 기술과 만나게 된 것은 모뎀의 개발을 통해서였다. 모뎀은 컴퓨터의 디지털 데이터를 전화선이 전달할 수 있는 아날로그 신호로 전환하기도 하고, 그 반대로도 작동하는 장치이다.

사진 1-8: 진공관

모뎀의 개발에도 불구하고 컴퓨터 간의 정보 전달에는 그 효율성 면에서 문제가 있었는데 인터넷이 이를 극복했다. 인터넷은 통신 프로토콜을 이용해 정보를 주고받는 컴퓨터 네트워크로 정의할 수 있다. 인터넷은 1973년에 빈튼 서프와 밥 간이 모든 컴퓨터를 하나의 통신망 안에 연결하고자 했던 작업에 그 기원이 있다.

슈밥의 경우 3차 산업혁명의 평가에서도 두 가지 점에서 긍정적인 결론을 내리고 있다. 그는 3차 산업혁명을 이끈 두 기술을 인터넷과 컴퓨터 기술로 보고 있으며, 이는 애플과 마이크로소프트로 대표된다고 보았다. 그는 컴퓨터를 현대 노동자의 가장 중요한 도구로 인식하고 있고 인터넷을 통한 정보 획득을 통해 일개 노동자가 자본가 이상으로 경제 권력을 획득할 수 있는 기회가 열렸다고 평가하고 있다. 그는 전반적으로 이와 같은 3차 산업혁명이 화이트칼라 노동자의 생산성을 크게 향상시켰으며, 이로 인해 역사상 가장 큰 세계화의 물결이 일어난 것으로 결론을 내리고 있다. 그는 또한 전 세계의 경제가 글로벌 사슬을 매개로 묶이게 되는 사건과 인터넷 혁명으로 국가들이 세계경제에 편입되는 일로 인해 수억 명이 중산층에 진입하게 되는 혁명적 사건이 일어났다고 긍정적 평가를 내리고 있다. (클라우스 슈밥, 2022, 222-240)

앞에서 우리는 3차 산업혁명까지의 기술사를 정리하였으며 특히 4차 산업혁명이라는 신조어를 만들어 낸 클라우스 슈밥이 4차 산업혁명 시기 이전의 기술사를 어떻게 평가하고 있는지 검토해 보았다. 슈밥이 지적하고 있듯이 역사적으로 일반인에게도 부를 축적하거나 경제 권력을 획득할 수 있었던 순간이 존재했는데, 모두 당대(當代)의 현실에 맞는 기술의 개발과 활용에 있음이 드러났다.

6. 제4차 산업혁명

이제는 본격적으로 4차 사업혁명이 도대체 무엇을 지칭하는 것인지 그리고 4차 산업혁명 시기에는 어떤 기술이 대세인지를 순서대로 알아볼 차례이다.

(1) 제4차 산업혁명의 정의

먼저 빙챗과 챗GPT는 4차 산업혁명에 대해 각각 어떻게 정의하고 있는지 확인해 보았다.

문: 4차 산업혁명이란 무엇인가요?

빙챗: 4차 산업혁명은 정보통신 기술(ICT)의 융합으로 이루어지는 차세대 산업혁명입니다. 이 혁명의 핵심은 빅데이터 분석, 인공지능, 로봇공학, 사물인터넷, 무인 운송 수단(무인 항공기, 무인 자동차), 3차원 인쇄, 나노 기술과 같은 7대 분야에서 새로운 기술 혁신입니다. 제4차 산업혁명은 클라우스 슈밥(Klaus Schwab)이 의장으로 있는 2016년 세계경제포럼(World Economic Forum, WEF)에서 주창된 용어입니다.

챗GPT: 4차 산업혁명은 컴퓨터, 인터넷, 로봇, 인공지능 등의 첨단 기술을 활용하여 기존 산업을 혁신하고 새로운 산업을 창출하는 혁명적인 변화를 말합니다.

이전의 산업혁명은 물리적인 생산력을 향상시키는 기술적 발전에 초점을 두었다면, 4차 산업혁명은 정보기술과 인공지능 기술의 발전으로 인해 생산성과 효율성을 대폭 향상시킬 수 있는 기회를 제공합니다. 이러한 기술의 발전으로 인해 생산성과 효율성이 향상되면서 더욱 많은 가치를 창출하고, 새로운 산업과 일자리를 창출할 수 있게 됩니다.

4차 산업혁명은 현재 우리가 살고 있는 사회와 경제를 크게 변화시키고 있으며, 미래의 일자리와 산업의 방향성을 결정짓는 중요한 요소가 될 것입니다.

빙챗이 잘 정리하고 있는 것처럼 4차 산업혁명은 정보통신 기술(ICT)의 융합으로 이루어진 산업혁명으로 그 핵심은 7대 분야의 기술 혁신이다. 여기서 7대 기술은 빅데이터 분석, 인공지능, 로봇공학, 사물인터넷, 무인 운송 수단, 3D 프린팅, 나노 기술을 일컫는다. 이처럼 빙챗이 4차 산업혁명 시기의 구체적 기술 트렌드에 대해 정리된 답변을 준 반면에, 챗GPT는 이러한 시대에 어떤 변화가 일어나고 이에 따라 어떻게 대처해야 되는지에 대한 의견도 함께 제시하고 있어서 나름대로 유용한 정보를 제공하고 있다 하겠다.

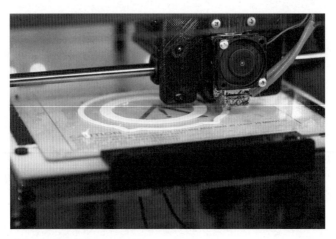

사진 1-9: 3D 프린팅

이제 우리는 4차 산업혁명의 주창자인 클라우스 슈밥의 저서를 통해 앞에서 두 인공지능 챗봇이 제기한 의견을 비교와 검토하는 시간을 가져 보자.

주지하는 것처럼 제4차 산업혁명이라는 용어는 세계경제포럼의 창시자인 클라우스 슈밥(Klaus Schwab)이 2015년에 싱크탱크 미국 외교 협회가 발간하는 〈포린 어페어스(Foreign Affairs)〉에 기고함으로써 처음으로 주창했다. 이듬해인 2016년 1월에 스위스 다보스에서 열린 세계경제포럼에서도 슈밥이 이를 강조하며 여러 나라에 그 개념이 알려졌다.

슈밥은 특히 현재를 속도·범위와 깊이·시스템 충격에서 3차 산업혁명 이행기를 지나 4차 산업혁명 이행기로 접어든 것으로 이해하고 있다. 우선 속도 면에서 그는 이전의 산업혁명과는 달리 제4차 산업혁명은 선형적 속도가 아닌 기하급수적인 속도로 전개 중이라고 주장한다. 그는 이와 같은 속도의 형성을 현재 세계의 다면적인 연계성과 이에 비례해 계속해서 개발되는 새로운 기술에서 찾고 있다. 슈밥은 또한 범위와 속도에서 제4차 산업혁명 이행기는 디지털 혁명을 기반으로 해서 다양한 과학 기술을 융합했기 때문에 개인을 넘어 경제, 기업, 사회의 전방위적 측면에서 그 패러다임을 전환하고 있는 중이라고 얘기하고 있다. 그는 마지막으로 시스템 충격을 강조하면서 4차 산업혁명은 국가와 국가, 기업과 기업, 산업과 산업, 그리고 사회 전체 시스템의 변화를 수반한다고 주장하였다. (클라우스 슈밥, 2016, 서문)

(2) 4차 산업혁명의 핵심 7대 기술

슈밥이 주목하고 있는 4차 산업 혁명의 핵심 7대 기술의 근간에는 IT 기술이 있다. 7대 기술은 이 IT 기술의 융합에서 기하급수적인 발전이 이루어질 것이라고 슈밥은 기대하고 있다. 디지털 기술 중 IT 기술은 데이터의 생성, 가공, 전송, 가시화 등과 같은 정보처리와 관련된 기술을 의미한다. (김희철, 61-62) 즉 IT 기술은 3차 산업의 근간이었던 디지털 기술의 일종이라는 것이라고 볼 수 있는 것이다.

구체적으로 슈밥은 다음과 같은 7대 기술의 측면에서 4차 산업혁명의 개진을 설명하고 있다. 이는 이른바 빅데이터 분석, 인공지능(AI,

Artificial Intelligence), 로봇공학, 사물인터넷, 무인 운송 수단, 3D 프린팅, 나노 기술과 같은 분야에서의 새로운 기술 혁신이다. (클라우스 슈밥, 2016, 서문)

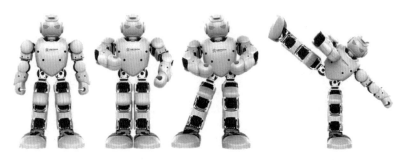

그림 1-2: 로봇공학 이미지

빅데이터 분석(Big Data Processing)은 수많은 데이터를 분석해서 합목적의 유용한 정보로 전환하는 기술을 일컫는다. 지금은 바야흐로 디지털 시대라 불려도 과언이 아닐 정도로 방대한 양의 정보가 끝도 없이 생산, 유통, 처리되고 있는데 사용자가 스스로의 목적에 맞게 이러한 데이터에서 유의미한 패턴을 발견해 냄으로써 가치가 있는 정보로 전환하는 기술이다. 예를 들어 이를 활용하여 사람들은 제품의 생산, 유통과 관리를 보다 효율적으로 할 수 있게 되었다.

인공지능은 컴퓨터 과학의 개념으로 인간의 학습 능력, 추론 능력, 지각 능력을 인공적으로 구현하려는 기술이라 할 수 있다. 좁은 의미에서 얘기하면 인공지능은 인간의 지능과 유사한 기능을 갖춘 컴퓨터 시스템으로 볼 수 있다. 인공지능의 가장 큰 장점은 전력만 공급해 주면 쉬지 않는 사람의 뇌처럼 기능하여 어려운 연산, 추론과 분석 등을 대신해 준다는 데 있다. 하나 덧붙이자면 그가 주목하고 있는 자율주행 기술을 바탕으로 한 무인 운송 수단은 사실 AI의 연장선상에 있다고 볼 수 있으므로 사실은 같은 분야에 속하는 기술이라고 볼 수 있다.

사진 1-10: 무인 자동차

또한 슈밥에 따르면 첨단 로봇은 오늘날 농업 로봇에서 간호 로봇에 이르기까지 전 분야에 걸쳐 광범위한 업무를 처리할 수 있다고 한다. 그는 로봇공학의 급속한 진보가 인간과 기계의 협력을 일상적인 현실로 만들 것이라고 생각하고 있는데 이는 센서의 발달로 로봇들이 주변 환경을 더 잘 이해하고 그에 맞춰 대응할 수 있게 되어 정밀하고 복잡한 업무를 수행할 수 있게 되었으며 이는 앞으로 더 심도 있게 진행될 것이라고 주장한다.

사물인터넷은 실물과 디지털을 연계하는 주요 기술 중 하나이다. 슈밥은 상호 연결된 기술과 다양한 플랫폼을 기반으로 한 사물과 인간의 관계로 이 기술을 설명하고 있다. 그는 실생활과 가상 네트워크의 연결을 가능하게 하는 센서와 여러 장비들이 쏟아져 나오고 있는 상황, 즉 작고 저렴하면서도 스마트해진 센서들이 제조 공정뿐 아니라 사람의 모든 활동 영역에 존재하는 기계들에 내장되어 활용되고 있는 상황에 주목하고 있다. 슈밥은 특히 스마트폰, 태블릿, 컴퓨터와 같이 인터넷과 연결된 기기들은 셀 수 없이 많아졌음을 지적하며 가까운 미래에 이들은 기하급수적으로 늘어날 것으로 예측하고 있다.

또한 슈밥은 3D 프린팅의 가능성에 대해 크게 기대하고 있다. 3D 프린팅은 디지털 견본을 바탕으로 유연한 소재를 사용하여 3차원의 물체를 만들어 내는 기술이다. 현재 3D 프린팅 기술은 아주 거대한 기계 부품에서부터 초소형의 의료용 기구에 이르기까지 그 적용 범위가 점점 확대되고 있는 중이다. 슈밥에 따르면 앞으로 인간 세포 및 장기까지 생산해 낼 정도가 될 것이라 한다. 여기에 더 나아가 그는 4D 프린팅 기술을 설명하며 열과 습도 등의 환경 변화에 반응하는 능력을 갖춘 자가 변형 기기의 출현이라는 새 시대가 출현할 것을 예측하고 있다.

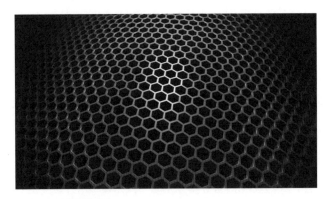

그림 1-3: 그래핀 이미지

마지막으로 슈밥은 신소재에 주목하면서 나노 소재에 대한 큰 기대를 숨기지 않고 있다. 그는 특히 그래핀과 같은 최첨단 소재에 주목하고 있다. 그래핀은 두께가 머리카락의 100만분의 1에 불과함에도 강철보다 200배 이상 강하고 열과 전기의 전도성까지 지닌 특이한 소재로 그 활용도가 엄청나지만 가격이 비싸 널리 쓰일 수 없는 한계를 지닌 소재이다. 하지만 그가 기대하고 있듯이 그래핀의 대량생산이 가능해진다면 인류의 역사가 새롭게 쓰여진다고 할 수 있을 정도로 전 분야에 걸쳐 다양하게 쓰일 수 있는 소재라 할 수 있다.

(3) 초연결 사회의 기술

이상에서 정리한 빅데이터 분석, 인공지능, 로봇공학, 사물인터넷, 무인 운송 수단, 3D 프린팅, 나노 기술 등 7대 기술은 초기에 슈밥이 주목한 분야였고, 현재 슈밥 등 해외 학자들은 물론이고 많은 국내 학자들도 사실 4차 산업혁명의 핵심을 인공지능 기술로 보고 있다. (김희철, 94, 304) 특히 최근에 슈밥은 4차 산업혁명 시기를 사실상 인공지능을 활용한 초연결 사회로 정의하고 있다. (클라우스 슈밥, 2022, 236-245)

따라서 우리는 초연결 사회의 기술에 대해 빙챗과 챗GPT에게 질문해 보고 앞의 4차 산업혁명기의 7대 핵심 기술을 다시 정리해 볼 필요가 생겼다.

문: 초연결 사회의 기술에 대해 알려 주세요.

빙챗: 초연결 사회는 인터넷과 모바일 기술의 발전으로 인해 사람과 사물, 사물과 사물이 유선 또는 무선통신망으로 연결되어 상호작용하는 사회입니다. 초연결 사회에서는 5G, AI, 빅데이터, IoT 기술의 결합으로 인해 우리 일상생활에서 영향을 받지 않을 영역은 거의 없을 것으로 전망됩니다. 초연결 사회에서는 자율주행부터 인간의 뇌를 본뜬 뉴로모픽(Neuromorphic) 반도체까지 전 영역에서 AI 기술이 빠르게 적용되고 있습니다.

챗GPT: 초연결 사회란 인터넷, 스마트폰, 태블릿 등 다양한 디바이스가 상호 연결되어 정보를 공유하고 서비스를 제공하는 사회입니다. 이러한 초연결 사회를 위해 다양한 기술들이 발전하고 있습니다.

1. 5G: 5G는 초연결 사회를 위한 핵심 기술 중 하나로, 초고속 대역폭과 초저지연으로 다양한 디바이스와 서비스를 더욱 빠르고 안정적으로 연결합니다.

2. 인공지능(Artificial Intelligence): 인공지능 기술은 빅데이터, IoT 등과 결합하여 디바이스 및 서비스를 자동화하고 최적화합니다. 예를 들어, 인공지능 기반의 개인화 추천 시스템은 사용자의 취향을 분석하여 적합한 콘텐츠나 제품을 제공할 수 있습니다.

3. IoT(Internet of Things): IoT는 다양한 디바이스가 인터넷을 통해 연결되어 서로 정보를 공유하고 제어할 수 있는 기술입니다. 예를 들어, 스마트홈이나 스마트시티 등에서 IoT 기술이 사용됩니다.

4. 클라우드 컴퓨팅(Cloud Computing): 클라우드 컴퓨팅은 인터넷을 통해 데이터나 소프트웨어를 저장하고 처리하는 기술로, 다양한 디바이스에서 데이터를 공유하고 처리할 수 있습니다.

5. 블록체인(Blockchain): 블록체인 기술은 데이터를 안전하게 저장

하고 전송하는 기술로, 인터넷상에서 안전하게 거래를 수행할 수 있습니다.

6. 증강현실(Augmented Reality): 증강현실 기술은 실제 세계에 가상의 정보나 객체를 추가하여 보여 주는 기술로, 초연결 사회에서 다양한 분야에서 활용됩니다.

7. 가상현실(Virtual Reality): 가상현실 기술은 가상 세계를 구현하여 실제와 같은 경험을 제공하는 기술로, 게임, 교육, 의료, 건축 등 다양한 분야에서 활용됩니다.

초연결 사회의 기술에 대한 빙챗과 챗GPT의 의견을 종합해 보면 결국 인공지능, 메타버스, 블록체인 등 3가지의 기술이 그 핵심임을 알 수 있겠다. 즉, 빙챗과 챗GPT가 제시하고 있는 5G, AI, 빅데이터, IoT 기술은 사실상 AI(인공지능) 기술이 그 핵심이고, 챗GPT가 답변의 후반부에 주목하고 있는 증강현실과 가상현실은 모두 메타버스 기술이며, 여기에 챗GPT가 제시한 블록체인을 더하면 결국 초연결 사회의 기술을 이 3가지로 요약 가능한 것이다.

이상의 두 인공지능 챗봇의 초연결 사회 기술에 대한 의견을 체크해 보면 한 가지 중요한 기술이 결여되었다는 것을 발견할 수 있다. 바로 플랫폼 기술이 그것이다. 사실 플랫폼은 인공지능, 메타버스, 블록체인 기술이 융합될 수 있는 기술이다. 즉, 플랫폼을 통해서 인공지능, 메타버스, 블록체인 기술이 더 빛을 발할 수 있는 것이다. 플랫폼은 초연결 사회 기술에서 공기와도 같은 필수적 기술이라고 할 수 있겠다. 인공지능 챗봇은 이렇게 가장 중요한 것을 간혹 빼먹는 경우가 있으므로 주의를 해야 한다.

이상에서 우리가 이제부터 탐색해야 할 기술들의 목록이 정리가 되었다. 인공지능, 메타버스, 블록체인, 그리고 플랫폼 기술이 그것들이다. 다음 장에서부터 빙챗과 챗GPT의 도움을 받아 이 네 가지 기술들에 대한 핵심을 차례로 정리해 보기로 하자.

제2장

인공지능에 대해

인공지능 기술이 일반 대중들에게 가장 큰 존재감을 불러일으켰던 사건은 2016년에 벌어진 구글의 알파고와 이세돌의 바둑 대결이었다. 그 이전까지만 해도 인공지능으로 개발된 바둑 프로그램은 기껏해야 아마추어 수준에도 미치지 못했던 사실에 비교하면, 구글의 알파고는 당시 바둑계의 세계 1인자였던 인물을 손쉽게 제압했으니 그 충격은 이만저만이 아니었다.

이후 인공지능 기술은 자율주행차 등 다양한 방면으로 확대되어 가게 되는데, 인공지능 기술 중에서 요즘 가장 각광을 받고 있는 것은 챗GPT라고 해도 과언이 아니겠다. 2022년에 등장한 이 기술은 일반에 공개된 지 몇 달 되지 않아 전 세계적인 열풍을 일으켜 1억 명 이상의 사용자가 이용하고 있으며 비슷한 성능의 다른 서비스도 속속 공개될 예정이라고 한다. 앞장에서 언급되었듯이 4차 산업혁명을 선도하는 기술 중에서도 가장 핵심 기술이 바로 인공지능 기술이므로, 요즘 시대의 비즈니스 트렌드를 파악하려는 우리들의 입장에서는 인공지능에 대한 높은 수준의 이해가 꼭 필요하다.

1. 인공지능 기술의 활용

(1) 경영자의 입장

이제 빙챗과 챗GPT에게 그들을 개발한 모태가 된 인공지능 기술에 대해 탐문해 보며 현재에 실현 가능한 사업에 대해서도 탐색해 보기로 하자. 우선 두 인공지능 챗봇에게 경영자들이 인공지능 기술을 어떻게 잘 활용할 수 있는지 물어보았다.

문: 경영자의 입장에서 인공지능은 어떤 기회를 제공하는지 알려 주세요.

빙챗: (아래와 비슷한 답이어서 생략)
챗GPT: 인공지능(AI)은 경영자에게 다양한 기회를 제공합니다. 그중 일부는
　　　　다음과 같습니다.
　　　　1. 데이터 분석 및 예측 기회: 인공지능을 활용하면 대량의 데이터를
　　　　분석하고 예측 모델을 만들어 미래에 발생할 가능성이 있는 문제를
　　　　사전에 파악할 수 있습니다. 이를 통해 경영자는 비즈니스 프로세스
　　　　를 개선하고 더욱 효율적으로 운영할 수 있습니다.
　　　　2. 자동화 및 효율성 향상 기회: 인공지능을 활용하면 일부 업무를
　　　　자동화하고, 이를 통해 업무 처리 시간을 단축하고 인력을 절감할 수
　　　　있습니다.
　　　　3. 고객 경험 개선 기회: 인공지능을 활용하면 고객들의 행동을 예측
　　　　하고, 이를 통해 맞춤형 서비스를 제공할 수 있습니다. 이를 통해 고객

경험을 개선하고 고객 만족도를 높일 수 있습니다.

4. 새로운 비즈니스 모델 창출 기회: 인공지능을 활용하면 새로운 비즈니스 모델을 창출할 수 있습니다. 예를 들어, 인공지능을 활용한 예측 서비스나 컨설팅 서비스 등을 제공할 수 있습니다.

5. 경쟁력 강화 기회: 인공지능을 활용한 혁신적인 제품과 서비스를 제공함으로써 경쟁력을 강화할 수 있습니다.

6. 더 나은 데이터 관리 및 보안 기회: 인공지능을 활용하면 대량의 데이터를 더욱 효율적으로 관리할 수 있습니다. 또한, 보안 측면에서도 인공지능을 활용하여 보안 위협을 사전에 예방할 수 있습니다.

(이하 결론 생략)

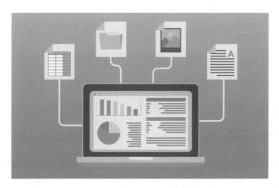

그림 2-1: AI의 주된 기능 중의 하나가 데이터 분석이다

빙챗과 챗GPT의 답을 비교해 보면 거의 유사하다. 이들의 대답은 실제 경영에 인공지능이 어떻게 활용될 수 있는지에 대한 정확한 정보를 제공하고 있으므로, 우리는 이들의 대답을 이 질문에 대한 정답으로 수정 없이 바로 채택할 수 있겠는데, 역시 빙챗의 대답은 간결하고 챗GPT는 길

게 풀어쓰면서 조금 더 자세한 정보를 제시하고 있으므로 여기서는 챗
GPT의 답을 채택했다.

(2) 이용자의 입장

이제 이용자(혹은 소비자)의 입장에서 인공지능이 어떤 기회를 창출하
는지 알아보자.

문: 이용자의 입장에서 인공지능은 어떤 기회를 제공하는지 알려 주세요.

> 빙챗: 이용자의 입장에서 인공지능은 다양한 기회를 제공합니다. 예를 들어,
> 인공지능을 활용하여 이용자는 더 나은 제품과 서비스를 선택할 수 있
> 습니다. 또한, 인공지능을 활용하여 이용자는 더 나은 가격으로 제품과
> 시비스를 구매할 수 있습니다. 인공지능은 이용자의 쇼핑 경험을 개선
> 하는 데 매우 중요한 역할을 합니다. 인공지능을 활용하여 이용자는
> 자신에게 맞는 제품과 서비스를 더 쉽게 찾을 수 있으며, 더 나은 가격
> 으로 구매할 수 있습니다.
>
> 챗GPT: (위와 비슷한 답이어서 생략)

이상에서 이용자의 입장에서 인공지능이 어떻게 유용한지 살펴보았
다. 역시 이들의 대답은 특정 비즈니스 이용자들의 실제 소비에 인공지능
이 어떻게 활용될 수 있는지에 대한 정확한 정보를 제공하고 있기 때문에
우리는 이들의 대답 중 하나를 바로 이 질문에 대한 정답으로 채택이 가

능하겠다. 여기서는 간략하면서도 핵심을 찌른 빙챗의 의견을 채택했다.

그림 2-2: AI의 활용으로 더 효율적인 쇼핑이 가능해졌다

이와 같은 이용자의 입장을 알아 둔다면 바로 경영자들이 인공지능을 어떻게 활용할 수 있는지와 직결되기 때문에 사업적 판단을 내릴 때 중요한 고려 사항이 될 수 있다.

2. 인공지능이란?

이제 인공지능이란 과연 어떤 기술에 근거하여 어떻게 인간의 생활에 접목될 수 있을 것인지 본격적으로 탐구해 보도록 하자. 두 인공지능 챗봇에게 인공지능의 정의에 대해 물어보았다.

문: 인공지능이 무엇인지 알려 주세요.

빙챗: 인공지능은 인간의 지능을 모방하거나 대체하기 위한 기술입니다. 인공지능은 머신러닝, 딥러닝 등 다양한 방법으로 구현됩니다. 머신러닝은 데이터를 이용해 컴퓨터가 스스로 학습하도록 하는 기술입니다. 이를 통해 컴퓨터는 데이터에서 패턴을 찾아내고 예측할 수 있습니다. 딥러닝은 뇌의 신경망 구조를 모방하여 만든 인공신경망을 이용해 학습하는 기술입니다. 딥러닝은 이미지, 음성 등 다양한 분야에서 활용되고 있습니다.

챗GPT: 인공지능(Artificial Intelligence, AI)은 인간의 지능적인 능력을 컴퓨터 등의 기계나 소프트웨어에 구현한 것입니다. 인공지능은 대개 머신러닝, 딥러닝, 자연어 처리, 컴퓨터 비전 등의 분야를 기반으로 작동합니다. (이하 생략)

인공지능에 대한 빙챗과 챗GPT의 설명은 거의 비슷하다. 우선 이들의 설명을 참고하면, 인공지능이란 인간의 지능을 모방하거나 대체하기 위한 기술을 컴퓨터 등의 기계나 소프트웨어에 구현한 것으로 요약 가능한데, 이는 일반적으로 잘 알려진 인공지능의 정의와 대체로 일치한다.

MACHINE LEARNING

그림 2-3: 머신러닝은 AI의 일종이다

다음으로 인공지능이 구현되는 방법에 있어 빙챗은 머신러닝과 딥러닝 두 가지만 제시하고 있고, 챗GPT는 이외에도 자연어 처리, 컴퓨터 비전 등의 분야도 제시하고 있는데, 사실 인공지능 분야에서 머신러닝과 딥러닝이 주가 되기 때문에 빙챗은 이 두 가지만 제시하고 있는 것으로 보인다.

이후 빙챗은 머신러닝과 딥러닝에 대한 간단한 소개를 하고 인공지능에 대한 설명을 마치고 있고 챗GPT는 다른 두 가지 분야에 대한 설명도 부가한 뒤 인공지능의 실제 쓰임새에 대해서도 부연하면서 끝을 맺고 있다.

3. 인공지능의 분류

우리는 인공지능에 대한 개략적인 지식을 갖추었으므로 이제 빙챗과 챗GPT의 인공지능에 대한 설명 중에서 구현 방법과 실제 이용 상황 등에 대해 이들에 질문하면서 알아보기로 하자. 우선 빙챗과 챗GPT는 구현 방법 등에 의해 인공지능을 구분하고 있는데, 이는 인공지능의 분류 방법에 속하는 문제이므로 다시 빙챗과 챗GPT에게 인공지능의 분류에 대해 질문을 해 보았다.

문: 인공지능은 어떻게 분류할 수 있는가?

빙챗: 인공지능은 크게 약인공지능(Weak AI), 강인공지능(Strong AI), 초인공지능(Super AI)의 3가지 종류로 분류됩니다. 약한 인공지능은 미리 정의

된 규칙에 의해 인지능력을 필요로 하지 않는 정도의 특정 영역의 문제를 푸는 기술입니다. 강인공지능은 인간과 같은 인지능력을 가진 인공지능입니다. 초인공지능은 인간 이상의 지적 능력을 가진 인공지능입니다.

챗GPT: 인공지능은 다음과 같이 분류할 수 있습니다.

1. 규칙 기반 인공지능(Rule-based AI): 전문가 시스템, 인공신경망, 유전 알고리즘 등의 기술을 사용하여 사람이 사전에 정의한 규칙을 기반으로 문제를 해결하는 방식입니다.

2. 기계 학습 기반 인공지능(Machine Learning-based AI): 데이터를 학습하고, 경험을 바탕으로 판단하며, 이를 통해 문제를 해결하는 방식입니다. 대표적으로 지도 학습, 비지도 학습, 강화 학습 등의 방법이 있습니다.

3. 신경망 기반 인공지능(Neural Network-based AI): 인간의 뇌 구조와 유사한 신경망 구조를 이용하여 학습하고, 문제를 해결하는 방식입니다. 이러한 방식으로 이미지, 음성, 자연어 등의 처리에 많이 사용됩니다.

4. 진화 기반 인공지능(Evolutionary AI): 유전 알고리즘을 이용하여 최적의 해를 찾는 방식으로, 복잡한 문제를 해결하는 데 적합합니다.

5. 자연어 처리 기반 인공지능(Natural Language Processing-based AI): 인간의 언어를 이해하고 처리하는 방식으로, 대화형 AI나 음성 인식 기술 등에 사용됩니다.

6. 지식 기반 인공지능(Knowledge-based AI): 지식 그래프나 데이터베이스와 같은 지식을 사용하여 문제를 해결하는 방식으로, 전문가 시스템과 같은 분야에서 많이 사용됩니다.

그런데 챗GPT에게 한 번 더 같은 질문을 했더니 다음과 같은 다른 대답을 했다.

> 챗GPT: 인공지능은 크게 두 가지 방법으로 분류할 수 있습니다.
>
> 1. 기술적 분류: 인공지능을 구현하는 기술에 따라 분류합니다. 이 방법은 인공지능을 규칙 기반 인공지능, 기계 학습 및 딥러닝 기반 인공지능으로 분류하는 것입니다.
>
> 2. 응용 분류: 인공지능이 사용되는 응용 분야에 따라 분류합니다. 이 방법은 인공지능을 이미지 및 음성인식, 자연어 처리, 로봇공학, 게임 개발, 자율주행자동차 등으로 분류하는 것입니다.
>
> 또한 인공지능은 강인공지능과 약인공지능으로도 분류할 수 있습니다. 강인공지능은 인간과 동등하거나 그 이상의 지능을 갖춘 인공지능을 의미하며, 약인공지능은 특정 작업을 수행하는 인공지능을 의미합니다. 현재까지 개발된 인공지능은 모두 약인공지능에 해당합니다.

이 대답을 이전의 대답과 비교해 보면 인공지능의 분류는 구분의 방식에 따라 세 가지 정도로 다시 나눠서 분류가 가능하다는 것을 알 수 있다. 즉, 분류의 방식이 단일하지 않기 때문에 빙챗이나 챗GPT가 질문을 할 때마다 대답의 방향이 달라지고 있는 것이다. 여기서 우리가 알 수 있는 것은 빙챗이나 챗GPT에게 범위가 넓은 질문을 할 경우에는 여러 번 질문을 해서 대답을 비교한 뒤 구분해서 세분화한 질문을 할 필요가 있다는 것이다.

따라서 우리는 빙챗과 챗GPT에게 인공지능의 분류에 대해 그 범주를 좀 더 구분을 해서 질문을 하기로 하자. 지금까지 나온 대답을 보면 빙챗이나 챗GPT는 인공지능을 초인공지능, 약인공지능과 같은 지능의 수준에 따른 분류, 머신러닝, 딥러닝과 같은 기술적 분류 혹은 구현 방식에 따른 분류 등으로 세분화할 수 있겠다. 챗GPT가 마지막에 덧붙이고 있는 응용에 따른 분류는 인공지능이 어떤 특정한 분야에 응용될 수 있는 것과 관련된 또 다른 중요한 항목이기 때문에 뒤에 따로 질문을 하기로 하자.

(1) 수준에 따른 인공지능의 분류

그럼 먼저 인공지능을 지능의 수준에 따라 분류해 보자.

문: 인공지능을 지능의 수준에 따라 분류해 주세요.

> 빙챗: 인공지능은 크게 약한 인공지능(Weak AI), 강한 인공지능(Strong AI), 초인공지능(Super AI)의 3가지 종류로 분류됩니다. 약한 인공지능은 미리 정의된 규칙에 의해 인지능력을 필요로 하지 않는 정도의 특정 영역의 문제를 푸는 기술이며, 강한 인공지능은 인간과 같은 수준의 지능을 가진 기계를 의미합니다. 초인공지능은 인간보다 더 높은 지능을 가진 기계를 의미합니다. 약한 인공지능은 대표적으로 스팸 필터링, 검색 엔진, 언어 번역 등이 있습니다. 강한 인공지능은 현재까지는 개발되어 있지 않으며, 이론적으로 가능성이 있는 분야입니다. 초인공지능은 아직 개발되어 있지 않으며, 이론적으로 가능성이 있는 분야입니다.
>
> 챗GPT: 일반적으로 지능의 수준에 따라 인공지능을 다음과 같이 분류할 수

있습니다.

1. 인공 좁은 지능(Artificial Narrow Intelligence, ANI): 특정한 작업이나 문제 해결을 위한 지능을 가진 인공지능을 의미합니다. 대부분의 현재 사용되고 있는 인공지능은 인공 좁은 지능에 해당됩니다. 예를 들면, 이메일 스팸 필터링, 검색엔진, 음성 비서, 자율주행자동차, 추천 알고리즘 등이 있습니다. (이하 생략)

이 두 가지 대답을 분석해 보면 기본적으로 유사한 대답인데 챗GPT의 경우 분류된 인공지능의 영어에 대응되는 번역이 부자연스럽다. 영어로 된 원래 자료를 번역하는 과정에서 검증이 되지 않은 초벌 번역 수준의 답을 제시하고 있는 것이다. 챗GPT가 제시한 번역처럼 '인공 좁은 지능' 등은 빙챗의 대답처럼 약인공지능, 강인공지능, 초인공지능으로 구분하는 게 맞다. 챗GPT와 빙챗이 제시하고 있는 답의 공통점은 현재 약인공지능 수준의 인공지능만 개발이 된 상태라는 것인데 이것은 사실과 부합된다.

(2) 기술에 따른 인공지능의 분류

다시 두 인공지능에게 인공지능의 기술적 분류에 대해 상담해 보자.

문: 인공지능을 기술적으로 분류해 주세요.

빙챗: 인공지능은 크게 규칙 기반 인공지능과 머신러닝 기반 인공지능으로 분류됩니다. 규칙 기반 인공지능은 사람이 직접 프로그래밍하여 만든 규칙을 기반으로 작동합니다. 반면 머신러닝 기반 인공지능은 데이터를 학습하여 스스로 판단하고 결정합니다.

챗GPT: 인공지능을 기술적으로 분류하면 다음과 같습니다.

1. 규칙 기반 시스템(Rule-based systems): IF-THEN 형태의 규칙을 사용하여 문제를 해결하는 방식으로, 전문가 시스템이나 진단 시스템에서 활용됩니다.

2. 기계 학습(Machine learning): 데이터를 기반으로 모델을 학습하여 문제를 해결하는 방식으로, 지도 학습, 비지도 학습, 강화 학습 등의 방법이 있습니다. 이러한 기술은 이미지 분류, 음성인식, 자연어 처리 등에서 활용됩니다.

3. 신경망(Neural networks): 인간의 뇌 구조를 모방한 인공신경망을 사용하여 학습하고 문제를 해결하는 방식입니다. 딥러닝과 관련된 기술로, 이미지 분류, 음성인식, 자연어 처리 등 다양한 분야에서 사용됩니다.

4. 유전 알고리즘(Genetic algorithms): 진화 이론을 기반으로 한 최적화 기술로, 집단 내에서 적응도가 높은 유전자를 선택하여 다음 세대로 전달하는 방식으로 문제를 해결합니다. 이러한 기술은 최적화 문제에서 사용됩니다. (이하 생략)

인공지능의 기술적 분류에 대해 빙챗과 챗GPT 모두 완전한 정답을 제시하지는 못하고 있지만 두 대답을 근거로 유추해서 정답에 대한 접근도를 높이는 것은 가능하다. 일반적으로 인공지능은 기술적으로 규칙 기반 인공지능, 머신러닝 인공지능, 딥러닝 인공지능 등으로 분류가 가능한데 우선 빙챗의 경우 딥러닝에 대한 정보가 빠졌고 챗GPT의 경우 3번의 신경망 기반이 사실상 딥러닝에 해당되므로 정답을 모두 포함했지만 4번 이하의 분류는 딥러닝의 세부 사항으로 이해하는 게 맞을 것 같다.

이상에서 인공지능의 분류를 살펴보았고, 이제 결론을 내리자면, 인공지능은 지능의 수준에 따라 약인공지능, 강인공지능, 초인공지능으로 나뉘며, 기술적으로 분류하면 규칙 기반 인공지능, 머신러닝 인공지능, 그리고 딥러닝 인공지능으로 분류가 가능하다 하겠다.

(3) 규칙 기반 인공지능

앞의 질문에 대해 구체적으로 더 접근해 보기로 하자. 우선 이전의 질문을 통해 현재 우리가 접하고 있는 인공지능 기술들은 모두 약인공지능에 속하며 강인공지능과 초인공지능은 아직 개발이 되지 않았다는 사실을 이미 알 수 있었다. 다음으로 기술적 분류에서 제시하고 있는 각각의 인공지능에 대해 더 상세히 알아볼 차례이다. 먼저 규칙 기반 인공지능이다.

문: 규칙 기반 인공지능에 대해 알려 주세요.

빙챗: 규칙 기반 인공지능은 사람이 직접 프로그래밍하여 만든 규칙을 기반으로 작동합니다. 이러한 인공지능은 특정한 작업을 수행하는 데에는 높은

성능을 보입니다. 하지만 새로운 상황에 대처하기 어렵고, 규칙을 만드는 데에 많은 시간과 비용이 소요됩니다. 예를 들어, 체스 게임에서 규칙 기반 인공지능은 모든 가능한 수를 계산하여 가장 좋은 수를 선택합니다.

챗GPT: (위와 비슷한 답이어서 생략)

빙챗과 챗GPT 모두 만족할 만한 대답을 제시하였는데 간략하게 정리가 잘된 빙챗의 답을 가져왔다. 이를 통해 우리는 규칙 기반 인공지능의 경우 사람이 직접 만든 규칙을 프로그래밍함으로써 작동하는 원리를 채택하고 있다는 것을 알 수 있다. 또한 빙챗은 이 시스템의 장단점 또한 논하고 있는데, 이러한 인공지능의 경우 특정한 작업을 수행하는 데에 높은 성능을 보이지만, 새로운 상황에 대처하기 어렵고, 규칙을 만드는 데에 많은 시간과 비용이 소요된다는 단점이 존재한다. 이처럼 질문의 범위가 한정되고 단순할수록 빙챗과 챗GPT가 질문자의 의도에 부합되는 답을 제시해 준다는 것을 다시 한번 알 수 있다.

그림 2-4: 규칙 기반 AI는 프로그래밍으로 수행 조건의 조정이 가능하다

(4) 머신러닝과 딥러닝

다음으로 머신러닝에 대해 질문을 해 보자.

문: 머신러닝에 대해 알려 주세요.

빙챗: (아래와 비슷한 답이어서 생략)

챗GPT: 머신러닝(Machine Learning)은 인공지능의 한 분야로, 데이터를 분석하여 패턴을 학습하고, 이를 통해 새로운 데이터를 예측하는 알고리즘입니다. 머신러닝은 크게 지도 학습(Supervised Learning), 비지도 학습(Unsupervised Learning), 강화 학습(Reinforcement Learning)으로 분류됩니다.

1. 지도 학습(Supervised Learning): 지도 학습은 입력 데이터와 출력 데이터 사이의 관계를 학습하여, 새로운 입력 데이터에 대해 출력 데이터를 예측하는 방식입니다. 이를 위해 레이블링 된 학습 데이터를 사용합니다. 지도 학습의 대표적인 예로는 분류(Classification)와 회귀(Regression)가 있습니다.

2. 비지도 학습(Unsupervised Learning): 비지도 학습은 출력 데이터가 주어지지 않은 입력 데이터의 패턴을 학습하는 방식입니다. 즉, 학습 데이터에 레이블이 없습니다. 이를 통해 데이터의 구조를 파악하거나 클러스터링 등의 작업을 수행할 수 있습니다.

3. 강화 학습(Reinforcement Learning): 강화 학습은 에이전트(Agent)가 환경과 상호작용하며, 보상과 벌점을 받아서 정책(Policy)을 학습하는 방식입니다. 이를 통해 최적의 행동 방식을 스스로 학습합니다.

머신러닝은 다양한 분야에서 활용되며, 예측, 분류, 추천, 이미지 인식 등에 활용됩니다. 최근에는 딥러닝(Deep Learning) 기술이 발전하면서, 머신러닝이 더욱 발전하고 있습니다.

그림 2-5: 머신러닝 AI는 기계적으로 데이터의 패턴을 학습한다

역시 질문이 구체적이고 범위가 좁기 때문에 두 인공지능이 모두 정확한 답을 제시하고 있는데, 챗GPT가 더 자세하면서도 결론에 의미 있는 정보를 제공해서 챗GPT의 답을 채택했다. 즉, 챗GPT의 대답 중에서 마지막 구절에 따르면, 딥러닝이 머신러닝의 일종이라는 유추가 가능하다는 것이다. 계속되는 질문을 통해 이를 확인해 보자.

문: 머신러닝과 딥러닝의 관계에 대해 알려 주세요.

빙챗: 딥러닝은 머신러닝의 한 분야로, 인공신경망을 이용하여 데이터를 학습

하고 판단하는 인공지능입니다. 딥러닝은 머신러닝의 한 분야이기 때문에 머신러닝과 밀접한 관련이 있습니다. 하지만 딥러닝은 머신러닝보다 더 복잡한 문제를 해결할 수 있습니다. 예를 들어, 이미지 인식, 음성인식 등의 분야에서 딥러닝은 매우 큰 성과를 이루고 있습니다.

챗GPT: 머신러닝과 딥러닝은 인공지능 분야에서 중요한 개념입니다. 머신러닝은 컴퓨터가 데이터를 기반으로 스스로 학습하고 판단하는 능력을 갖춘 기술을 말합니다. 이를 통해 데이터에서 패턴을 인식하고, 이를 이용하여 문제를 해결할 수 있습니다. 딥러닝은 머신러닝의 한 분야로, 인공신경망을 사용하여 데이터의 추상적인 표현을 학습합니다. 이를 통해 고차원 데이터를 처리하고, 복잡한 문제를 해결할 수 있습니다. 딥러닝은 많은 데이터를 사용해 학습하며, 이를 통해 모델의 정확성을 높일 수 있습니다. (이하 생략)

이상에서 우리가 유추했던 머신러닝과 딥러닝의 관계가 옳았음을 확인할 수 있다. 빙챗과 챗GPT의 답을 비교해 보면 머신러닝과 딥러닝의 관계가 명확해지는데, 먼저 머신러닝 기술이 개발된 뒤 그 기술이 복잡하게 발전되면서 나온 다음 단계의 기술이 딥러닝이라는 것을 알 수 있다.

지금까지 규칙 기반 인공지능, 머신러닝 인공지능, 딥러닝 인공지능에 대한 빙챗과 챗GPT의 설명을 통해 이 세 종류의 인공지능이 어떻게 다른지 혹은 어떤 관련이 있는지 살펴보았다. 규칙 기반 인공지능의 경우 쉽게 말해서 특정한 패턴의 프로그램을 설정한 뒤 그 패턴대로 데이터를 정리하는 작업을 해 주는 인공지능으로 볼 수 있으며, 이것은 이미 예전부터 우리 주위에서 흔히 볼 수 있었던 기술이므로 빙챗과 챗GPT의 상기한 설명만으로도 충분하다.

그런데 빙챗과 챗GPT의 답을 통해 우리는 머신러닝 인공지능, 딥러닝 인공지능에 대해서는 개략적인 개념만 알 수 있었을 뿐 더 상세한 정보가 부족한 느낌이 든다. 당장 머신러닝 인공지능을 활용한 서비스로 어떤 것이 있는지 잘 떠오르지 않는다. 그렇다면 머신러닝 인공지능, 딥러닝 인공지능에 대해 빙챗과 챗GPT에게 좀 더 상세한 질문을 할 필요가 있다.

4. 머신러닝과 딥러닝의 원리

머신러닝 인공지능과 딥러닝 인공지능의 원리와 실제로 이들 기술을 활용한 사례로 어떤 경우가 있는지 차례로 빙챗과 챗GPT에게 물어보기로 하자.

(1) 머신러닝의 원리

먼저 머신러닝의 원리에 대해 질문을 했다.

문: 머신러닝의 원리에 대해 알려 주세요.

빙챗: 머신러닝은 데이터와 알고리즘을 사용하여 데이터 모델을 빌드하는 첨

단 AI 솔루션입니다. 모델은 데이터에 나타나는 변수 간의 관계를 모방하고 서로를 통해 예측이 가능한 수학식입니다. 예를 들어, 고혈압을 진단하는 머신러닝 알고리즘을 만든다고 가정합니다. 'x'는 고혈압 발생에 영향을 미치는 요소들입니다. x1은 식습관, x2는 흡연, x3는 술, x4는 수면, x5는 스트레스, x6는 운동이라고 합니다. 이러한 요소들을 바탕으로 머신러닝 알고리즘이 고혈압 발생 가능성을 예측할 수 있습니다. 머신러닝은 크게 지도 학습과 비지도 학습으로 나뉩니다. 지도 학습은 입력과 출력 데이터가 모두 주어지며, 이를 바탕으로 모델을 학습시키는 방법입니다. 반면 비지도 학습은 출력 데이터가 주어지지 않으며, 입력 데이터만으로 모델을 학습시키는 방법입니다.

챗GPT: 머신러닝은 컴퓨터 프로그램이 데이터에서 자동으로 패턴을 인식하고 예측 모델을 학습할 수 있게 해 주는 인공지능 기술입니다. 이는 데이터에서 패턴을 추출하고 이를 사용하여 새로운 데이터에 대한 예측을 만드는 것을 가능하게 합니다. 머신러닝의 핵심 아이디어는 데이터에서 패턴을 추출하고 이를 사용하여 예측 모델을 만드는 것입니다. (이하 생략)

    두 인공지능 챗봇이 거의 유사한 답변을 내놓았는데 역시 빙챗이 짧은 요약을 하는 반면, 챗GPT는 상세한 대답을 하고 있다. 두 챗봇의 답을 요약하자면, 머신러닝 기술은 컴퓨터 프로그램이 데이터에서 자동으로 패턴을 인식하고 예측 모델을 학습할 수 있게 해 주는 인공지능 기술이라고 정의를 내릴 수 있다는 것이다. 이 기술은 여러 분야에서 현재 이용되고 있다고 하는데, 빙챗은 특히 의료 서비스 측면에서 활용되는 예를 소개하고 있으며, 챗GPT는 이외에도 비즈니스 의사 결정, 자율주행차량 등을 제시하고 있다.

(2) 딥러닝의 원리

다음으로 딥러닝의 원리가 무엇인지 알아보았다.

문: 딥러닝의 원리가 무엇인지 알려 주세요.

빙챗: 딥러닝은 인공신경망의 구조와 동작 원리를 기반으로 합니다. 인공신경망은 인간의 뇌 구조에서 영감을 받아 만들어졌습니다. 입력층에서 데이터가 입력되면, 은닉층을 통해 데이터가 전달되며, 출력층에서 결과를 출력합니다. 딥러닝 알고리즘은 대규모 데이터 집합을 통해 학습되어야 하며 더 많은 데이터를 수신할수록 더욱 정확해집니다.

딥러닝 모델은 그 구조상 특징을 추출하는 Feature Extractor와, 이를 통해 추출된 Feature Map을 통해 실질적인 작업을 진행하는 Linear Layer의 조합으로 주로 이루어져 있습니다.

딥러닝의 원리를 살펴볼 때 떼려야 뗄 수 없는 존재가 하나 있는데, 바로 수학입니다. 딥러닝 모델 자체가 수식 계산의 결과이며, 오늘날 딥러닝이 발전할 수 있었던 이유 또한 컴퓨터의 성능, 즉 연산 장치의 성능이 좋아졌기 때문입니다.

챗GPT: 딥러닝은 머신러닝의 한 분야로, 인공신경망을 사용하여 복잡한 패턴 인식 및 예측을 수행하는 기술입니다. 딥러닝은 대용량의 데이터를 효과적으로 처리하고 다양한 분야에서 높은 예측 성능을 보입니다. 딥러닝에서 사용되는 인공신경망은 생물학적인 신경망에서 영감을 받아 만들어졌습니다. 인공신경망은 입력층, 은닉층, 출력층으로 구성되며, 입력 데이터는 입력층으로 들어가고, 신경망은 다양한 은닉층을 거쳐 출력층으로 나가는 과정을 통해 예측값을 출력합니다. 딥러닝에서는 인공신경망의 은닉층을 많이 사용하고, 이를 깊은 신경망(Deep Neural Network)이라고 합니다. 깊은 신경망을 사용함으로써 더욱 복잡한 패턴을 학습할 수 있습니다. (이하 생략)

딥러닝 기술의 원리에 대해 두 챗봇 모두 적절히 상세한 설명을 해 주고 있는데, 다음과 같은 부분들을 채택하면 딥러닝 기술에 대해 완벽한 설명이 된다. 빙챗에 따르면, 딥러닝 알고리즘은 대규모 데이터 뭉치를 통해 학습될 수 있으며 더 많은 데이터값이 입력될수록 결괏값이 더 정확해진다고 하는데 이는 딥러닝 모델 자체가 수식 계산의 결과이기 때문인 것이다.

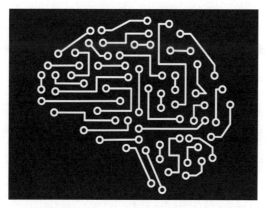

그림 2-6: 딥러닝은 인간의 신경망을 모델로 한 AI 모델이다

챗GPT에 따르면, 딥러닝은 인간의 두뇌 작동 방식을 모방한 알고리즘인 신경망 계층으로 구성되어 있는데, 이러한 신경망 계층은 대량의 데이터를 습득, 분석을 통해 학습된다는 것이다. 이후 일정 시간이 지나면 초기의 데이터에 대한 분석을 반영하여 새로운 데이터를 처리할 수 있게 되는 모델이 완성된다는 것인데, 이와 같은 일련의 기술을 우리는 딥러닝이라고 부른다.

(3) 빅데이터란?

앞서 빅데이터라는 개념이 제시되었는데, 이제 계속해서 빅데이터가 무엇인지 정확하게 확인해 보자.

문: 빅데이터에 대해 알려 주세요.

빙챗: 빅데이터는 기존 데이터베이스 관리 도구의 능력을 넘어서는 대량의 데이터로부터 가치를 추출하고 결과를 분석하는 기술입니다. 이러한 데이터는 정형 또는 비정형의 데이터 집합을 포함할 수 있으며, 이를 통해 새로운 인사이트를 발견하거나 비즈니스 의사 결정에 도움을 줄 수 있습니다. (이하 생략)

챗GPT: 빅데이터는 기존 데이터베이스 관리 도구로는 처리하기 어려운 정도로 대량의 데이터를 말합니다. 이러한 데이터는 보통 다양한 소스에서 수집되며, 데이터의 규모, 속도, 다양성, 복잡성 등이 특징입니다. 빅데이터는 대규모의 데이터를 저장, 관리, 분석하여 유용한 정보와

인사이트를 추출하기 위해 사용됩니다. (중략)

또한, 인공지능과 머신러닝과 결합하여 예측, 분석 및 추천 시스템을 개발하거나, 거대한 사물인터넷 시스템을 관리하기 위해서도 빅데이터 기술이 필요합니다.

두 챗봇에 따르면 빅데이터는 기존 데이터베이스 관리 도구의 능력을 넘어서는 대량의 데이터로부터 가치를 추출하고 결과를 분석하는 기술이라고 한다. 특히 챗GPT의 답변에서도 알 수 있듯이 인공지능 기술과 밀접한 관련이 있음이 드러난다.

그림 2-7: 빅데이터는 대량의 소스를 분석하는 기술이다

(4) 머신러닝과 딥러닝의 관계

그렇다면 빅데이터와 인공지능 기술 중에서 머신러닝, 딥러닝은 어떤 관계가 있을까?

문: 빅데이터, 머신러닝, 딥러닝의 관계에 대해 알려 주세요.

빙챗: (대답이 모호해서 생략)

챗GPT: 빅데이터, 머신러닝, 딥러닝은 서로 밀접한 관계를 가지고 있습니다. 우선, 빅데이터는 대규모의 데이터를 다루기 때문에, 머신러닝과 딥러닝에 필요한 대량의 학습 데이터를 제공합니다. 이렇게 수집된 대량의 데이터를 이용하여 머신러닝과 딥러닝 모델을 학습시키는 것이 가능합니다. 머신러닝은 주어진 데이터를 기반으로 모델을 학습시키는 기술입니다. 이때, 학습에 사용되는 데이터의 양과 질이 머신러닝 모델의 성능에 큰 영향을 미칩니다. 빅데이터는 이러한 머신러닝 학습 데이터를 제공함으로써, 머신러닝 모델의 정확도와 성능을 향상시킬 수 있습니다. 딥러닝은 머신러닝의 한 분야로, 인공신경망을 이용하여 다층 구조의 모델을 학습시키는 기술입니다. 딥러닝 모델은 머신러닝 모델에 비해 높은 정확도와 성능을 보입니다. 빅데이터에서 수집된 대량의 데이터를 이용하여 딥러닝 모델을 학습시키면, 이를 기반으로 정확한 예측 모델을 구축할 수 있습니다. (이하 생략)

빙챗의 대답은 간결하여 빅데이터와 인공지능 기술의 관계가 정확하게 드러나지 않는다. 반면에 챗GPT의 대답을 읽어 보면 빅데이터와 머신러닝, 딥러닝의 관계가 정확하게 드러나므로, 이를 우리의 물음에 대한 정답으로 채택할 수 있겠다.

즉, 빅데이터가 제공이 되면 머신러닝을 통해 특정한 결과가 나오도록 프로그램의 조정이 가능하다는 것이다. 이에 따르면, 머신러닝 기술 중의 하나인 딥러닝을 적용하면 마치 인간이 판단하듯이 복잡하게 산재된 데이터 뭉치들로부터 일정한 패턴을 발견하여 프로그램의 미세 조정이 가능해지는데, 이에 따라 그 결괏값이 보다 정확해진다고 한다.

5. 규칙 기반 인공지능의 사례

이제 다양한 인공지능 기술이 어떻게 실제로 활용되고 있는지 살펴보도록 하자. 다시 인공지능의 분류로 돌아가서 규칙 기반 인공지능의 경우 실제로 어떻게 쓰이고 있을까?

문: 규칙 기반 인공지능을 활용한 예를 설명해 주세요.

빙챗: 규칙 기반 인공지능은 인간 전문가의 지식을 수집하고 정리하여 주어진 문제를 해결하는 시스템입니다. 이러한 시스템은 주로 의료 진단, 금융 분야 등에서 사용됩니다. 예를 들어, 의료 진단에서는 환자의 증상과 질병에 대한 전문가의 지식을 수집하여 진단을 도와주는 시스템이 규칙 기반 인공지능의 한 예입니다. 또한, 규칙 기반 인공지능은 머신러닝과 딥러닝과 같은 다른 인공지능 기술과 함께 사용될 수 있습니다. 이러한 기술들은 서로 보완적인 역할을 하며, 다양한 분야에서 활용됩니다.

챗GPT: (위와 비슷한 대답이어서 생략)

사실 첨단 기술에 대한 물음은 빙챗과 챗GPT의 대답이 거의 비슷한 경우가 많다. 규칙 기반 인공지능에 대한 물음도 예외가 아니어서 두 가지 점에서 일치하는데, 먼저 규칙 기반 인공지능은 의료계에서 의학 전문가들의 의견을 프로그램에 반영하여 환자의 증상에 대응하도록 하는 서비스의 개발에 활용되고 있다는 것이 첫 번째이고, 다음으로 미리 입력된 프로그램만으로는 한계가 있기 때문에 머신러닝, 딥러닝 등과 결합시킨 하이브리드 기술이 현재 개발되고 있다고 한다.

그렇다면 규칙 기반 인공지능을 활용하고 있는 실제 서비스로는 어떤 것이 있는지 확인해 보도록 하자.

문: 규칙 기반 인공지능을 활용한 회사의 예시를 알려 주세요.

빙챗: (구체적인 사례를 제시하지 않아 생략)

챗GPT: 규칙 기반 인공지능을 활용한 회사의 예시로는 Palantir Technologies(팔란티어 테크놀로지스)가 있습니다. Palantir Technologies는 미국의 소프트웨어 회사로, 국가 안보, 금융, 의료 등 다양한 분야에서 규칙 기반 인공지능 기술을 활용하여 문제를 해결하는 서비스를 제공합니다. 예를 들어, 국가 안보 분야에서는 Palantir의 규칙 기반 인공지능 기술을 활용하여, 테러 조직과 같은 위협을 탐지하고 분석하는 시스템을 개발하였습니다. 이 시스템은 수많은 데이터를 수집하여, IF-THEN 규칙으로 표현된 국가 안보 전문가들의 지식을 활용하여, 테러 공격이 발생할 가능성이 높은 지역과 개인을 탐지합니다. 또한, 금융 분야에서는 Palantir의 규칙 기반 인공지능 기술을 활용하여, 대규모 거래 데이터를 분석하고, 금융 사기 및 범죄를 탐지하는 서비스를 제공합니다. 이 서비스는 IF-THEN 규칙으로 표현된 금융 전문가들의 경험과 지식을 활용하여, 의심스러운 거래를 탐지하고, 실시간으로 대응할 수 있습니다. 이처럼 Palantir Technologies는 규칙 기반 인공지능 기술을 활용하여, 다양한 분야에서 고객의 문제를 해결하는 서비스를 제공하고 있습니다. 하지만, 최근에는 머신러닝과 딥러닝과 같은 데이터 기반 기술과 결합하여, 보다 효과적인 문제 해결을 위한 하이브리드 기술을 개발하고 있습니다.

챗GPT의 대답은 팔란티어 테크놀로지라는 한 회사에 집중되어 있다. 그에 따르면 이 회사는 금융 전문가들의 자문을 받아 어떤 특정한 거래가 정상의 범주를 벗어났다고 판단되면 이러한 상황에 대해 대처할 수 있도록 프로그램을 개발하여 범죄 예방에 도움을 주는 서비스를 제공한다고 한다.

그림 2-8: 팔란티어 테크놀로지는 금융 범죄에 특화된 회사이다

그런데 빙챗의 대답은 만족스럽지 못했다. 구체적인 회사를 제시하지 않은 채 의료 등 몇몇 분야에 대한 소개만 하였다. 그래서 보다 명확한 키워드를 넣어서 다시 질문을 해 보았다.

문: 규칙 기반 인공지능을 활용하고 있는 대표적인 회사를 구체적으로 알려 주세요.

> 빙챗: 대한민국에서 규칙 기반 인공지능을 활용하는 대표적인 회사로는 스프링클라우드와 베스텔라랩 등이 있습니다. 스프링클라우드는 종합 자율주행 기술 개발 업체로서 규칙 기반 인공지능을 활용하여 자율주행 기술을 개발하고 있습니다. 베스텔라랩은 AI 기반 실내 주차 솔루션 업체로서 규칙 기반 인공지능을 활용하여 실내 주차 문제를 해결하고 있습니다.

구체적인 회사 이름까지 알려 달라고 하자, 빙챗이 이제는 우리가 원하는 정보를 제공하였다. 그에 따르면 자율주행 기술 회사인 스프링클라우드와 베스텔라랩 등이 규칙 기반 인공지능 기술을 활용하고 있다고 한다.

6. 머신러닝 인공지능의 사례

그런데 앞에서 챗GPT도 언급하였듯이 요즘에는 규칙 기반 인공지능이 머신러닝과 딥러닝 기술과 결합된 형태로 서비스가 많이 제공되고 있다는데 이를 활용한 기업들의 서비스로는 어떤 것이 있을까? 먼저 머신러닝과 관련 있는 사례를 찾아보았다.

문: 머신러닝을 활용하고 있는 한국과 미국의 기업에 대해 알려 주세요.

빙챗: (한국의 사례가 적절치 않고, 미국의 경우 아래와 공통된 부분이 많아서 생략)

챗GPT: 한국과 미국의 머신러닝을 활용하고 있는 기업 중 일부를 소개하겠습니다.

〈한국〉

카카오: 인공지능 플랫폼을 활용한 챗봇 서비스, 음성인식 기술을 활용한 AI 스피커 등을 제공하고 있습니다.

삼성전자: 딥러닝 알고리즘을 이용한 이미지 처리, 음성인식, 자연어 처리 등의 기술을 개발하고 있습니다.

LG CNS: 머신러닝 기반의 IoT 서비스, 금융, 제조, 물류 등 다양한 산업 분야에서 인공지능 솔루션을 제공하고 있습니다.

〈미국〉

구글: 딥러닝 알고리즘을 이용한 검색엔진, 이미지 분석, 음성인식 등의 서비스를 제공하고 있습니다. 또한, 텐서플로우와 같은 머신러닝 프레임워크를 개발하고 있습니다.

아마존: 머신러닝 알고리즘을 이용한 제품 추천, 음성인식 AI 스피커인 에코(Echo) 등의 서비스를 제공하고 있습니다. 또한, 아마존 웹 서비스(AWS)에서는 머신러닝과 딥러닝을 활용한 클라우드 기반의 인공지능 서비스를 제공하고 있습니다.

마이크로소프트: 인공지능 개발 플랫폼인 Azure Machine Learning을 제공하고 있으며, 머신러닝과 딥러닝을 이용한 스피치 인식, 자연어 처리, 이미지 처리 등의 기술을 개발하고 있습니다.

빙챗과 챗GPT가 공통적으로 대답하고 있는 것은 미국의 경우 구글과 아마존 등에서 머신러닝을 활용하여 음성인식과 자연어 처리, 이미지 분석 등의 일을 하고 있다는 것이다. 또한 챗GPT에 따르면, 한국의 기업 중에서도 카카오, 삼성, LG CNS 등에서 비슷한 방식으로 머신러닝을 활용하고 있다고 한다.

그림 2-9: 머신러닝의 대표적인 활용은 음성 분석이다

7. 딥러닝 인공지능의 사례

그렇다면 딥러닝을 활용한 서비스의 예로는 어떤 것이 있을까?

문: 딥러닝을 활용하고 있는 한국과 미국의 기업에 대해 알려 주세요.

빙챗: 한국과 미국의 딥러닝 기업에 대해 알려드리겠습니다. 미국의 세계적인 머신비전 기업 코그넥스(Cognex)는 최근에는 딥러닝 기술을 활용하고 있습니다. 한국에도 딥러닝 기반 인공지능 검색 시스템 개발 업체인 포티투마루(42maru)가 있습니다. 또한, 오토 딥러닝 알고리즘 기반 인공지능 솔루션을 제공하는 뉴로클도 있습니다.

챗GPT: 딥러닝은 현재 인공지능 분야에서 가장 활발히 연구되고 있는 기술 중 하나입니다. 따라서 한국과 미국 모두 많은 기업들이 딥러닝 기술을 활용하고 있습니다.

한국의 경우, 삼성전자, LG전자, SK하이닉스, 카카오, 네이버 등이 딥러닝을 활용한 인공지능 서비스 및 제품을 개발하고 있습니다. 삼성전자는 딥러닝 기술을 활용하여 스마트폰, TV, 가전제품 등을 제조하고, 네이버와 카카오는 딥러닝 기술을 활용하여 검색, 음성인식, 이미지 분석, 자연어 처리 등 다양한 인공지능 서비스를 제공하고 있습니다.

미국의 경우, 구글, 아마존, 마이크로소프트, 페이스북 등의 대형 IT 기업들이 딥러닝을 활용한 다양한 제품과 서비스를 제공하고 있습니다. 구글은 딥러닝 기술을 활용하여 검색, 음성인식, 이미지 분석 등 다양한 인공지능 서비스를 제공하고, 아마존은 딥러닝 기술을 활용하여 스마트홈 제품인 에코(Echo)와 알렉사(Alexa)를 개발하였습니다. 마이크로소프트는 딥러닝 기술을 활용하여 윈도우 10, 마이크로소프트 오피스 등의 제품을 개발하고, 페이스북은 딥러닝 기술을 활용하여 얼굴 인식 및 자연어 처리 기술을 개발하고 있습니다.

빙챗과 챗GPT에 따르면, 딥러닝의 경우 머신러닝의 활용도와 비슷하다고 한다. 즉, 딥러닝을 활용한 서비스는 한국과 미국에서 공히 검색, 음성인식, 이미지 분석 등에서 활발하게 진행되고 있다는 것이다. 사실 머신러닝 기술 중의 하나가 딥러닝이기 때문에 둘 사이의 영역이 겹치는 부분이 존재하는 게 예상 밖의 결과는 아니다. 이외에도 삼성전자, 아마존 등에서 딥러닝 기술을 활용하여 스마트홈 제품을 개발하였다고 한다.

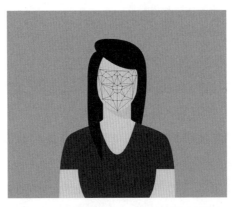

그림 2-10: 딥러닝을 활용하면 이미지 분석이 가능하다

8. 인공지능의 단점

　이상에서 알 수 있듯이 인공지능 기술은 벌써 우리의 생활에 일상적으로 쓰이고 있다. 모든 기술에 명암이 존재하듯, 인공지능 기술도 장점만 존재할 수는 없다. 경영자와 이용자의 입장에서 인공지능의 단점이 무엇인지 알아야 이 기술을 제대로 활용할 수 있다고 하겠다. 따라서 인공지능 기술의 단점에 대해 두 챗봇에게 물어보았다.

문: 인공지능의 단점에 대해 알려 주세요.

> 빙챗: 인공지능의 단점은 다음과 같습니다.
>
> 　　1. 고비용
>
> 　　2. 창의성이 없다
>
> 　　3. 실업
>
> 　　4. 인간을 게으르게 하다
>
> 　　5. 윤리관 없음
>
> 　　6. 감정이 없는
>
> 　　7. 개선 없음
>
> 인공지능은 인간의 능력을 대체할 수 있지만, 인간의 감정과 창의성은 대체할 수 없습니다. 또한, 인공지능이 인간의 일자리를 대체하고 있어 실업률이 증가하고 있습니다.
>
> 챗GPT: 인공지능은 많은 장점을 가지고 있지만, 여전히 몇 가지 단점이 존재합니다. 그중 일부는 다음과 같습니다.

1. 데이터 종속성: 인공지능 모델은 학습할 데이터가 필요하며, 학습된 모델은 그 데이터에 기반하여 예측을 수행합니다. 이는 데이터에 따라 모델의 성능이 크게 달라질 수 있다는 것을 의미합니다.

2. 제한된 창의성: 인공지능은 기존의 데이터와 패턴에 기반하여 예측을 수행합니다. 즉, 새로운 창의적인 해결책을 찾는 능력은 한계가 있습니다.

3. 무관심성: 인공지능은 감정이나 윤리적 판단 등 인간적인 측면에서는 무관심한 경향이 있습니다. 이러한 무관심성은 예측 결과에 부작용을 일으킬 수 있습니다.

4. 오류와 해킹 위험: 인공지능 모델도 시스템적인 오류나 데이터 오류 등을 일으킬 수 있습니다. 또한, 인공지능 시스템은 해킹에 대한 위험성도 가지고 있으며, 해커들이 인공지능 시스템을 조작하여 결과를 왜곡시킬 수 있습니다.

5. 인간의 일자리 대체 가능성: 인공지능 기술의 발전으로 인해 일부 업무는 자동화될 가능성이 높아지며, 이는 일부 인간의 일자리를 대체할 수 있다는 우려를 불러일으킵니다.

이러한 단점을 극복하기 위해서는 적극적인 대처와 규제, 윤리적인 책임 등이 필요합니다.

빙챗과 챗GPT가 공통적으로 지적하고 있는 인공지능의 단점은 인공지능은 기계적인 프로그램에 불과하므로 반복되는 일에 적합하지만 창의적인 일을 할 수는 없다는 것이고 인공지능에게는 인간이 가지고 있는 윤리성이 없다는 것이다. 또한 인공지능이 인간의 작업을 대체해서 실업 문제가 제기될 수 있다고 한다. 경영자와 이용자들(노동자들)은 이러한 인공지능의 문제점을 명확히 인식하여 인공지능의 활용에 윤리적 문제가 개입되지 않도록 주의해야 하겠고, 특히 노동자들은 인공지능이 대체할 수 없는 창의적인 일에 종사할 수 있도록 준비할 필요가 있겠다.

제3장

메타버스에 대해

2021년 10월 28일(미국 현지 시간) 페이스북(Facebook)이 회사명을 메타(Meta)로 바꿨다. 현지 언론의 관련 리포트에 따르면 페이스북이 메타로 이름을 전환한 것은 원래 그들의 서비스인 소셜 미디어를 넘어 가상현실(VR) 등의 새로운 분야로 영역을 확장하면서 회사명을 더 '포괄적인' 것으로 선택한 이유 때문이라고 한다. 메타는 '넘어'라는 뜻의 그리스어로, 말 그대로 원래 서비스 영역을 넘어서 새로운 영역으로 진출하겠다는 그들의 의지가 반영되었다고 할 수 있겠다.

하지만 이후 그들이 보여 준 행보는 증강현실 등 메타버스의 영역에 집중된 것으로 보아, 사실상 그들은 메타버스를 염두에 두고 사명 전환을 했던 것으로 추측이 된다. 그런데 그들의 판단에는 조금 의문이 드는 게 사실이다. 왜냐하면 이후 페이스북에서 사명이 바뀐 메타는 2022년에 사업 실적 부진으로 장기 침체에 빠져 버렸기 때문이다. 침체의 골이 워낙 깊기 때문에 잠깐의 반등은 가능하겠지만 지금까지의 손실을 만회하는 데는 오랜 시간이 필요해 보인다. 이는 메타의 최고 결정권자가 메타버스에 대한 이해가 충분하지 않았을 가능성이 있음을 시사한다.

메타는 메타버스에 대해 얼마나 사전 지식을 충분히 알고 있었을까? 그들의 정책을 결정하는 최고 결정권자가 인공지능 챗봇 혹은 다른 소스를 통해 메타버스에 대한 정보를 제대로 습득할 수 있는 환경이 제공되었다면 지금과 같은 상황에 처하지는 않았을 가능성이 높다. 우리는 메타의 경우를 반면교사 삼아 메타버스에 대해 차근차근 접근해야 하겠다.

1. 메타버스의 활용

위와 같은 페이스북에서 메타로의 불안정한 전환은 메타버스에 대한 여러 궁금증을 불러일으킨다. 이번 장에서는 빙챗과 챗GPT의 대답을 분석하면서 메타버스에 대해 알아보기로 하겠다. 먼저 경영자와 이용자의 입장에서 메타버스가 어떤 기회를 제공하는지 파악해 보자.

(1) 경영자의 입장

우선 두 인공지능 챗봇에게 경영자가 메타버스를 어떻게 잘 활용할 수 있는지 물어보았다.

문: 경영자의 입장에서 메타버스는 어떤 기회를 제공하는지 설명해 주세요.

빙챗: (메타버스는 새로운 비즈니스 모델을 제공한다는 점을 여러 각도로 설명)

챗GPT: 메타버스는 경영자들에게 많은 기회를 제공합니다. 다음은 메타버스가 경영자들에게 제공하는 기회 중 일부입니다.

1. 새로운 시장 개척 기회: 메타버스는 게임, 쇼핑, 교육, 의료, 엔터테인먼트 등 다양한 분야에서 활용될 수 있으며, 이러한 새로운 시장에서 경쟁 우위를 확보할 수 있는 기회를 제공합니다.

2. 고객 경험 개선 기회: 메타버스에서는 고객이 제품이나 서비스를 더욱 실제적으로 체험할 수 있습니다. 이를 통해 고객 경험을 개선하고 브랜드 이미지를 강화할 수 있습니다.

3. 새로운 수익 모델 창출 기회: 메타버스는 다양한 수익 모델을 제공합니다. 게임에서는 아이템 판매나 광고 수익 등을 얻을 수 있으며, 쇼핑에서는 가상 상점에서 제품을 판매할 수 있습니다. 이를 통해 새로운 수익 모델을 창출할 수 있습니다.

4. 비즈니스 프로세스 개선 기회: 메타버스에서는 협업이나 회의 등의 비즈니스 프로세스를 보다 효율적으로 개선할 수 있습니다. 가상 회의를 통해 시연 시간을 줄이고, 지리적 제한을 극복할 수 있습니다.

5. 새로운 인재 확보 기회: 메타버스는 창의성과 기술력이 뛰어난 인재들이 모이는 공간입니다. 이를 통해 경영자들은 새로운 인재를 확보하고 미래 성장을 위한 인력을 확보할 수 있습니다. (이하 생략)

두 챗봇이 대답하는 경영자의 메타버스 활용은 크게 다를 바가 없다. 두 챗봇은 모두 새로운 기회의 장이 열린다는 점에 방점을 찍고 있다. 그래서 빙챗의 경우 메타버스가 새로운 비즈니스 모델을 제시한다는 점을 여러 각도에서 높이 평가하고 있으며, 챗GPT의 경우에도 새로운 시장과 새로운 수익 모델, 새로운 비즈니스 프로세스, 새로운 인재 확보 등을 제시하고 있는데 이들은 모두 새로운 비즈니스 모델에 포함되는 영역이라고 하겠다.

그림 3-1: 메타버스는 새로운 비즈니스의 창이다

(2) 이용자의 입장

그렇다면 이용자의 입장에서는 메타버스가 어떤 기회를 제공하는지 확인해 보고 경영자의 입장과 비교해 봐야겠다. 두 챗봇에게 이용자의 경우 메타버스를 어떻게 잘 이용할 수 있는지 확인해 보았다.

문: 이용자의 입장에서 메타버스는 어떤 기회를 제공하는지 설명해 주세요.

빙챗: 메타버스는 이용자에게 다양한 기회를 제공합니다. 예를 들어, 메타버스 내에서 이용자는 유명 브랜드의 고가 아이템을 저렴한 가격으로 소유할 수 있습니다. 또한, 메타버스 내의 디지털 상품은 '상품'에 대한 시각을 확장시키며 이용자에게 새로운 경험을 제공합니다. 메타버스는 이용자와 브랜드 간의 관계를 변화시키는 데 매우 중요한 역할을 합니다. 메타버스를 활용하여 브랜드는 이용자와 더 가깝게 상호작용할 수 있으며, 이용자는 더 나은 쇼핑 경험을 할 수 있습니다.

챗GPT: 메타버스는 가상현실과 유사한 3D 가상 세계를 말합니다. 이용자들은 메타버스에서 다양한 기회를 제공받을 수 있습니다.

(중략)

위와 같이 메타버스는 이용자들에게 현실에서는 불가능한 경험과 활동을 제공하며, 가상 세계에서 새로운 문화와 경제활동을 즐길 수 있는 기회를 제공합니다.

두 챗봇의 의견에 따르면 이용자에게 있어 메타버스는 새로운 경험을 제공한다는 데 그 공통점이 있다. 즉, 빙챗에 따르면, 이용자가 메타버스를 잘 활용할 경우 이용자와 특정 상품 브랜드가 더 친밀하게 상호작용할 수 있으며, 따라서 이용자는 더 나은 쇼핑 경험을 할 수 있다는 것이다. 또한, 챗GPT에 따르면, 이용자는 메타버스를 통해 가상의 쇼핑, 가상의 커뮤니티 활동, 가상의 교육 활동 등 수많은 가상의 체험이 가능해지는 등 새로운 문화와 경제활동을 즐길 수 있는 기회가 제공된다고 한다.

그림 3-2: 메타버스는 이용자에게 새로운 형태의 경험을 제공한다

    이상에서 경영자와 이용자의 입장을 종합해 본다면, 경영자는 이용자가 원하는 새로운 가상의 경험의 장을 마련함으로써 새로운 비즈니스의 영역을 개척할 수 있다는 결론이 나온다. 아직까지는 추상적인 결론이지만 이를 염두에 두면서 메타버스에 대해 더 탐문하며 알아보기로 하자.

2. 메타버스란?

    메타버스란 과연 어떤 것을 의미하는지 알아보도록 하자. 우선 빙챗에게 메타버스에 관해 물어보았다.

    문: 메타버스란 무엇인가?

빙챗: 메타버스는 가상, 추상을 의미하는 '메타(Meta)'와 우주를 의미하는 '유니버스(Universe)'의 합성어로 인공지능(AI)이나 증강현실(AR), 사물인터넷(IoT) 등 첨단 통신 기술보다 더 진화한 개념으로 가상의 세계에서 실제 현실과 같은 사회, 문화, 여가 생활을 활동을 할 수 있다는 특징이 있다고 합니다. 메타버스는 현재 게임 산업에서 많이 사용되고 있으며, 이를 기반으로 다양한 서비스들이 출시될 예정입니다.

챗GPT: 메타버스(Metaverse)는 가상현실(Virtual Reality, VR), 증강현실(Augmented Reality, AR) 등의 기술을 활용하여 구축한 가상 세계를 말합니다. 이 가상 세계는 현실 세계와 유사하게, 인간이 상호작용하고 활동할 수 있는 환경을 제공합니다. 메타버스는 게임, 쇼핑, 교육, 의료, 엔터테인먼트 등 다양한 분야에서 활용되고 있으며, 인터넷의 확장판으로 불리기도 합니다. (이하 생략)

빙챗의 대답은 메타버스의 개념상 정의를 잘 내렸다. 즉, "메타버스는 가상, 추상을 의미하는 메타(Meta)와 우주를 의미하는 유니버스(Universe)의 합성어"로 '가상의 세계'를 뜻한다는 것이다. 챗GPT의 대답은 좀 더 심층적인 정보를 제공하고 있다. 즉, 챗GPT는 증강현실 등 메타버스의 종류를 거론하며 보다 기술적으로 메타버스를 설명하고 있는데, 게임, 쇼핑, 교육, 의료, 엔터테인먼트 등 다양한 분야에서 활용도에 높은 평가를 내리고 있다.

3. 메타버스의 분류

챗GPT는 앞에서 가상현실, 증강현실 등 메타버스의 종류를 언급했다. 이제 우리는 메타버스를 어떻게 분류할 수 있는지 확인해 보자.

문: 메타버스를 분류해 주세요.

빙챗: 메타버스는 기술적 측면과 사용자 측면에서 4가지로 분류 가능합니다. 기술적 측면에서는 현실에 가상의 디지털 세상을 투영하는 증강(Augmented)과 완전한 디지털 세상을 구현하는 가상(Virtual) 등 구현 방식으로 구분 가능합니다.

비영리 기술 연구 단체인 ASF(Acceleration Studies Foundation)는 모방(Simulation)/증강(Augmentation)을 한 축으로, 그리고 내향적(Intimate)/외부적(External)이라는 항목을 다른 축으로 해서 증강현실(Augmented Reality), 라이프로깅(Lifelogging), 거울세계(Mirror World), 가상 세계(Virtual World) 4종류로 분류합니다. (이하 생략)

챗GPT: 메타버스는 다양한 관점에서 분류될 수 있지만, 일반적으로는 아래와 같은 방법으로 분류할 수 있습니다.

1. 플랫폼 기반 분류

Facebook Horizon, Roblox, VRChat, Minecraft 등의 플랫폼 기반으로 분류할 수 있습니다.

2. 분야 기반 분류

게임, 영화, 음악, 스포츠, 교육 등 각 분야에 따라 분류할 수 있습니다.

3. 사용자 경험 기반 분류

가상 세계, 가상 교육, 가상 상거래, 가상 여행 등 사용자의 경험에 따라 분류할 수 있습니다.

4. 기술 기반 분류

VR(가상현실), AR(증강현실), MR(혼합현실), XR(확장현실) 등의 기술에 따라 분류할 수 있습니다.

5. 업종 기반 분류

게임, 교육, 엔터테인먼트, 건축, 제조 등 각 업종에 따라 분류할 수 있습니다. (이하 생략)

빙챗은 'ASF'의 정의를 소개하면서 메타버스를 4가지 영역으로 분류한다고 얘기를 하고 있다. 그런데 뒤에 메타버스가 이 4가지 영역 중에서 가상 세계에 속한다는 사족을 붙이고 있다. 챗GPT와 같이 다양한 방식으로 메타버스를 분류하는 것도 의미가 있겠지만, 일반적으로 학자들은 ASF의 메타버스에 관한 정의를 받아들이고 있는 편이다. 즉, 메타버스는 일반적으로 증강현실(Augmented Reality), 라이프로깅(Lifelogging), 거울세계(Mirror World), 가상 세계(Virtual World)의 4가지로 크게 분류한다. 따라서 우리도 빙챗의 의견으로 수렴하여 지금부터 이 4가지 종류의 메타버스에 대해서 차례로 알아보기로 하겠다.

4. 증강현실 메타버스

(1) 증강현실이란?

먼저 증강현실에 대해 물어보았다.

문: 메타버스 중에서 증강현실 메타버스에 대해 설명해 주세요.

빙챗: 메타버스에서 증강현실은 실제 세계에 가상의 요소를 추가하여 혼합하는 기술입니다. 예를 들어, 스마트폰 카메라로 실제 세계를 찍으면서 그 위에 가상의 이미지나 정보를 덧붙여 보여 주는 것이 증강현실입니다. 증강현실 메타버스는 현재 다양한 분야에서 활용되고 있습니다. 예를 들어, 광고, 교육, 의료 등에서 증강현실을 활용하여 더욱 효과적인 서비스를 제공하고 있습니다.

챗GPT: 증강현실(Augmented Reality, AR) 메타버스는 실제 세계와 가상 세계를 결합하여 새로운 경험을 제공하는 메타버스입니다. 즉, 사용자는 실제 세계를 바탕으로 한 가상 세계를 경험할 수 있습니다.

AR 메타버스는 일반적으로 스마트폰, 태블릿 PC, AR 헤드셋 등을 이용해 접속하며, 사용자가 실제 세계에서 특정 지점이나 물체를 바라보면, 그에 해당하는 가상 정보가 브라우저나 앱을 통해 표시됩니다. (이하 생략)

두 챗봇의 대답은 사실상 같은 내용이라고 할 수 있다. 이들에 따르면 증강현실 메타버스는 현실과 가상의 세계를 결합시키는 방법의 일종으로, 여러 가지 입출력 장치인 스마트폰, 태블릿 PC, AR 헤드셋 등을 통해 실제 세계의 특정한 장소에서 작동을 시키면 가상의 물체가 실제 세계에 융합된 형태로 제공이 된다고 한다. 즉, 몇 해 전에 선풍적인 인기를 끌었던 포켓몬 고가 바로 증강현실 메타버스를 세계관으로 하는 게임인 것이다.

그림 3-3: 증강현실은 보동 AR 디바이스를 사용한다

(2) 증강현실의 기능

계속해서 증강현실 메타버스가 어떻게 기능하는지 질문을 통해 알아보자.

문: 증강현실 메타버스의 기능에 대해 알려 주세요.

빙챗: 메타버스는 가상현실(VR), 증강현실(AR) 등의 기술을 활용하여 가상 세계를 구축하는 기술입니다. 메타버스는 현재는 게임이나 영화 등의 분야에서 사용되고 있지만, 앞으로는 교육, 의료, 건설 등 다양한 분야에서 사용될 것으로 예상됩니다. 증강현실 메타버스의 기능은 현실 세계에 가상의 물체를 덧씌워서 보여 주는 기술입니다.

챗GPT: 증강현실(Augmented Reality, AR) 메타버스는 실제 세계와 가상 세계를 융합하는 것을 중심으로 다양한 기능을 제공합니다. 아래는 증강현실 메타버스의 주요 기능들입니다.

1. 가상 객체 삽입 기능

AR 메타버스는 실제 세계에 가상 객체를 삽입하는 기능을 제공합니다. 예를 들어, 실제 세계에서 스마트폰 카메라로 바라보면, 가상으로 구현된 캐릭터나 물건이 실제 세계에 나타납니다.

2. 실시간 인식 기능

AR 메타버스는 실시간으로 인식하는 기능을 제공합니다. 스마트폰 카메라로 물체를 인식하면, 해당 물체와 관련된 가상 정보가 즉시 제공됩니다.

3. 위치 기반 서비스 기능

AR 메타버스는 GPS를 기반으로 한 위치 기반 서비스를 제공합니다. 실제 위치에 따라 가상 정보가 제공되며, 이를 통해 위치 기반 가상 체험을 제공할 수 있습니다.

4. 상호작용 기능

AR 메타버스는 사용자와 가상 객체 사이의 상호작용을 제공합니다. 사용자가 가상 객체를 탭 하거나 터치하면, 가상 객체가 반응하는 등의 상호작용이 가능합니다.

5. 시각적 개선 기능

AR 메타버스는 실제 세계를 보다 시각적으로 개선하는 기능을 제공합니다. 예를 들어, 실제 세계의 장면을 캡처하여 가상으로 개선된 이미지를 제공할 수 있습니다.

6. 교육, 광고 등의 적용 가능성

AR 메타버스는 교육, 광고 등 다양한 분야에서 활용될 수 있습니다. 예를 들어, 교육 분야에서는 가상 캐릭터와 상호작용하면서 학습할 수 있으며, 광고 분야에서는 상품의 가상 체험을 제공하여 마케팅 효과를 극대화할 수 있습니다. (이하 결론 생략)

이상의 답변을 분석해 보면, 우선 빙챗의 경우 너무 개략적인 정보만 제공해서 큰 도움이 되지 않고, 증강현실의 6가지 기능에 대해 알려준 챗 GPT의 대답이 도움이 많이 된다. 이에 따르면 증강현실 메타버스 기술은 가상의 물체를 현실에 덧씌움으로써 더 나은 시각적 정보를 제공받을 수 있고, 위치 정보 등의 실제 정보를 제공할 수 있으며, 사용자와 객체 사이의 상호작용이 가능하게 되는 등 다양한 기능이 있다고 한다.

(3) 증강현실의 활용

이제 본격적으로 경영자와 이용자의 입장에서 증강현실 메타버스를 어떻게 활용할 수 있는지 알아보기로 하자. 우선 증강현실 메타버스의 경우 어떠한 장점이 있는지 물어보았다.

문: 증강현실 메타버스의 장점에 대해 알려 주세요.

빙챗: 메타버스의 장점은 무궁무진합니다. 메타버스는 온라인 공간에서 실시간으로 상호작용을 하기 때문에 정보교환의 속도와 질이 상승합니다. 또한 사용할 수 있는 공간의 제한이 없기 때문에 전 세계 어디에 있는 사람이든 만날 수 있습니다. 증강현실 메타버스의 기능은 현실 세계에 가상의 물체를 덧씌워서 보여 주는 기술입니다.

챗GPT: 증강현실 메타버스는 현실 세계와 가상 세계를 융합한 새로운 형태의 디지털 공간입니다. 이 공간은 현실 세계에서 불가능한 경험과 상호작용을 가능하게 합니다. 여기서는 증강현실 메타버스의 장점 몇 가지를 살펴보겠습니다.

1. 새로운 경험과 상호작용: 증강현실 메타버스는 새로운 경험과 상호작용을 가능하게 합니다. 예를 들어, 가상 세계에서는 높은 건물 위에서 자유롭게 날아다닐 수 있습니다. 또한 가상 세계에서는 물리적인 제약이 없기 때문에 상상할 수 있는 것들을 모두 실현시킬 수 있습니다.

2. 지속적인 혁신과 개발: 증강현실 메타버스는 지속적인 혁신과 개발이 가능합니다. 새로운 기술이나 디자인이 개발되면 바로 반영하여 증강현실 메타버스를 개선할 수 있습니다.

3. 협업과 소통: 증강현실 메타버스는 멀리 떨어져 있는 사람들이 협업하고 소통하는 것을 가능하게 합니다. 비대면으로도 협업이 가능하기 때문에 시간과 공간에 구애받지 않고 일할 수 있습니다.

4. 경제적 이점: 증강현실 메타버스는 경제적 이점을 가져다줄 수 있습니다. 가상 세계에서의 상품 판매나 광고 등 다양한 경제적인 활동이 가

능하기 때문입니다.

5. 환경 보호: 증강현실 메타버스는 현실 세계에서의 행동이 가지는 환경적인 부담을 줄일 수 있습니다. 가상 세계에서의 활동은 실제 환경을 파괴하지 않고도 즐길 수 있기 때문입니다. (이하 생략)

빙챗의 경우 메타버스의 일반적인 내용을 바탕으로 한 답이라서 질문의 주제와 관련성이 적다. 챗GPT의 경우 증강현실의 장점을 바탕으로 사업 아이템과 관련하여 여러 아이디어를 제공하고 있다. 특히 이 중에서 3번째와 5번째 항목인 협업 부문과 환경 보호 관련된 내용들은 즉시 활용 가능한 사업적 비전을 제공하고 있는 것으로 보이며, 여기에 관해서 더 탐문해 본다면 관련된 사업에 대해 필수적인 정보를 제공할 것으로 기대된다.

(4) 증강현실 활용의 사례

여기서는 지면 관계상 다음 사항으로 넘어가서 증강현실과 관련된 실제 메타버스 서비스의 예를 알아보았다.

문: 증강현실 메타버스를 활용한 한국과 미국의 서비스에 대해 알려 주세요.

빙챗: 한국과 미국에서는 증강현실 메타버스 서비스를 다양하게 제공하고 있습니다. 한국에서는 증강현실 기술을 활용한 가상 피팅 서비스 'AR 기어'

를 선보였으며 대선 후보 소개부터 선거 토론까지 메타버스를 활용한
디지털 참여를 높이기 위해 노력하는 모습도 보입니다. 미국에서는 메
타버스 기술을 활용한 가상현실 게임이나 쇼핑몰 등 다양한 분야에서
서비스를 제공하고 있습니다.

챗GPT: 한국과 미국에서 증강현실 메타버스를 활용한 다양한 서비스가 개
발되고 있습니다. 이를 간략하게 살펴보면 다음과 같습니다.

〈한국〉

Naver Z: Naver가 개발한 증강현실 메타버스 서비스로, 사용자들은
가상의 공간에서 다양한 활동을 할 수 있습니다. 또한 Z 내에서는 쇼
핑, 광고, 게임 등 다양한 서비스가 제공됩니다. (중략)

〈미국〉

Roblox: 대표적인 증강현실 메타버스 서비스로, 사용자들이 가상 세
계에서 다양한 게임을 즐길 수 있습니다. 또한 사용자들은 자신의 게
임을 만들어 업로드할 수도 있습니다.

Second Life: 2003년에 출시된 증강현실 메타버스 서비스로, 가상
의 세계에서 사용자들은 자신의 아바타를 만들고 다양한 활동을 할
수 있습니다. Second Life는 가상의 경제 시스템까지 구축되어 있어
실제 화폐로 거래가 가능합니다. (이하 결론 생략)

두 챗봇이 제공한 다양한 사례 중에 상당수는 정확히 증강현실을 활용
한 메타버스 서비스라기보다는 가상 세계 메타버스 등 다른 요소가 더 강
한 서비스라서 우리의 질문에 대해 정확한 답을 제공하지 못했다. 두 챗
봇이 모두 일반적인 메타버스와 증강현실 메타버스의 범주를 혼동하기

때문인 것으로 보인다.

사실 증강현실 메타버스를 잘 활용한 서비스의 사례는 일본에서 많이 발견된다. 그래서 일본의 경우에 대해 알아보았다.

문: 증강현실 메타버스를 활용한 일본의 서비스에 대해 알려 주세요.

빙챗: 일본에서는 메타버스 기술을 활용한 가상공간 '메타버스'를 제공하는 '메타버스 주식회사'가 있으며 일본의 메타버스 사용자 중 약 48%는 20대이고 29%는 30대입니다.

챗GPT: 증강현실 메타버스를 활용한 일본의 서비스에는 다양한 것이 있습니다.

1. Pokemon Go

Pokemon Go는 일본의 게임 개발사 Niantic에서 개발된 증강현실 게임으로, 실제 세계에서 캐릭터를 찾아다니는 게임입니다. 이 게임은 전 세계적으로 인기를 끌고 있으며, 특히 일본에서는 대규모 이벤트가 열리기도 합니다.

2. LINE AR

일본의 소셜 메신저 앱 LINE에서는 LINE AR이라는 증강현실 기술을 활용한 서비스를 제공합니다. 이 서비스는 AR 캐릭터를 생성하고, 실제 환경에서 이 캐릭터와 상호작용을 할 수 있습니다.

3. HoloModels

HoloModels는 일본의 회사인 HoloEyes에서 개발한 증강현실 기반의 3D 스캐닝 서비스입니다. 이 서비스를 통해, 실제 물체를 촬영하여 3D 모델로 변환하고, 이를 증강현실로 활용할 수 있습니다.

4. Musemio

Musemio는 일본의 문화유산을 증강현실로 체험할 수 있는 서비스입니다. 이 서비스를 통해, 일본의 문화유산을 더욱 생생하게 체험할 수 있습니다.

5. OneTouch AR

OneTouch AR은 일본의 금융회사인 Mizuho Bank에서 개발한 증강현실 모바일 애플리케이션입니다. 이 애플리케이션을 통해, 지점 내에서 증강현실로 금융 상품에 대한 정보를 제공하고, 고객과 상호작용할 수 있습니다.

챗GPT의 대답이 우리의 질문에 대해 정확하면서도 다양한 정보를 제공하고 있다. 역시 증강현실을 활용한 대표적인 서비스는 포켓몬 고라고 하겠는데, 챗GPT가 이 부분을 제대로 얘기해 주고 있다. 이 서비스는 출시된 지 얼마 안 되어 세계적인 열풍을 일으킨 바 있다.

그림 3-4: 포켓몬 고는 피카츄 등의 캐릭터를 실제 장소에서 사냥할 수 있다

이외에도 Musemio 등과 같은 서비스는 문화적 체험을 더 생생하게 제공하는 등 사용자에게 특별한 체험을 가능하게 한 점에서 증강현실 메타버스의 대표적인 성공 사례로 꼽힌다. 이러한 서비스들은 기술적으로 한국에서도 충분히 실현 가능한 증강현실 서비스이므로 참고할 만한 사례들이다.

5. 라이프로깅 메타버스

(1) 라이프로깅이란?

이제 라이프로깅 메타버스에 대해 더 자세히 알아볼 차례이다. 우선 라이프로깅 메타버스가 무엇인지 알아보자.

문: 라이프로깅 메타버스가 무엇인지 설명해 주세요.

> 빙챗: 라이프로깅 메타버스는 자신의 삶에 관한 다양한 경험과 정보를 수집하여 기록하고 저장하는 활동입니다. 이를 통해 자신의 삶을 기록하고 추억을 남길 수 있습니다. 라이프로깅에 참가하는 사람은 크게 두 가지 역할을 합니다. 첫째, 자신의 삶에 관한 다양한 경험과 정보를 수집하여 기록하기 위해 노력합니다. 둘째, 다른 사람들과 공유하기 위해 라이프로깅 세계에서 활동합니다.
>
> 챗GPT: 라이프로깅(lifelogging) 메타버스(metaverse)는 개인의 일상적인 경험

과 활동을 수집하고 기록하는 라이프로깅 기술을 메타버스 기술과 결합하여 개인의 경험을 3D 가상 세계에서 재현하는 것입니다.

라이프로깅은 일상적인 생활에서 발생하는 모든 정보를 기록하고 저장하는 기술로서, 스마트폰, 웨어러블 디바이스, 소셜 미디어 등을 통해 수집된 정보를 다양한 형태로 저장하고 분석합니다. (이하 생략)

빙챗과 챗GPT의 의견에 따르면 라이프로깅 메타버스는 일상적인 생활에서 발생하는 정보를 스마트폰, 웨어러블 디바이스, 소셜 미디어 등을 통해 기록하고 저장하여 다른 사용자와 상호 교류하며 다양한 활동을 같이 즐길 수 있도록 하는 서비스라는 것인데 이는 실제와 부합되는 훌륭한 대답이다. 즉, 라이프로깅 메타버스는 개인의 일상적인 경험을 가상 세계에서 재현하고 공유할 수 있게 만든 기술이라 할 수 있다.

그림 3-5: 페이스북 등 대부분의 SNS 활동은 라이프로깅에 해당된다

(2) 라이프로깅의 기능

이제 라이프로깅 메타버스를 기능적으로 분석해 보자.

문: 라이프로깅의 기능에 대해 설명해 주세요.

빙챗: 라이프로깅은 일상적인 경험과 정보를 캡처하고 저장하고 묘사하는 기술입니다. 라이프로깅을 활용한 서비스는 일상을 기록하는 것으로 시작해 건강관리, 스마트홈 등 다양한 분야에서 활용되고 있습니다. 라이프로깅의 기능으로는 일상에서 발생하는 모든 순간을 텍스트, 영상, 사운드 등으로 캡처하고 그 내용을 서버에 저장하여 이를 정리하고 다른 사용자들과 공유할 수 있습니다.

챗GPT: 라이프로깅은 개인이 일상생활에서 경험한 사건과 감정, 행동 등을 기록하고 추적하는 것을 말합니다. 이를 통해 개인의 삶에 대한 인사이트를 얻거나, 자기 개발, 건강관리, 행동 변화 등에 활용할 수 있습니다. 라이프로깅은 다양한 형태로 구현될 수 있습니다. (이하 생략)

그림 3-6: 라이프로깅의 대표적인 기능은 일상의 기록이다

빙챗과 챗GPT의 대답 모두에서 우리는 라이프로깅 메타버스의 주된 기능과 이에 대한 다양한 활용도를 파악할 수 있다. 즉 라이프로깅은 매

일의 일상을 기록하는 것을 위주로 하므로 개인의 감정, 건강, 추억 등에 대한 기록과 분석을 가능하게 해 준다는 것이 가장 중요한 점인데 두 챗봇 모두 이 점을 지적하고 있다.

(3) 라이프로깅의 활용

이상은 곧 라이프로깅 메타버스의 장점과 연계되는 부분이기도 하므로 이 부분에 대해 확인해 보았다.

문: 라이프로깅 메타버스의 장점에 대해 설명해 주세요.

빙챗: 라이프로깅 메타버스의 장점은 자신의 삶에 대한 다양한 경험과 정보를 수집하여 기록하고 저장할 수 있다는 것입니다. 이를 통해 자신의 삶을 기록하고 추억을 남길 수 있습니다. 또한 라이프로깅 세계에서 다른 사람들과 공유하면서 새로운 인연을 만들 수 있습니다.

챗GPT: 라이프로깅은 일상적인 활동이나 생각, 감정 등을 기록하는 것을 말합니다. 라이프로깅의 장점은 다음과 같습니다.

1. 자기 인식과 성장: 라이프로깅은 개인의 행동과 생각에 대해 인식하는 것을 도와줍니다. 이를 통해 자신의 강점과 약점을 파악하고, 개선할 수 있는 부분을 찾아 개인의 성장에 도움이 됩니다.

2. 습관 형성: 라이프로깅은 특정한 목적을 가지고 지속적으로 기록하는 것이므로 습관 형성에 도움이 됩니다. 습관이 형성되면 일상적으로 자연스럽게 기록하게 되어 지속적인 성장과 발전을 이뤄 낼 수

있습니다.

3. 문제 해결과 목표 달성: 라이프로깅은 문제 해결과 목표 달성을 위한 효과적인 방법입니다. 자신의 생각과 행동을 분석하고, 문제가 발생한 원인을 파악해 개선하는 것이 가능합니다. 또한 목표 달성을 위한 계획을 세우고, 그 과정에서의 성취감을 느낄 수 있습니다.

4. 기억력 강화: 라이프로깅은 기억력 강화에도 도움이 됩니다. 기록을 통해 일상 속에서 새로운 경험과 인사이트를 발견하고, 추억을 기록하여 기억력을 유지하고 향상시킬 수 있습니다.

5. 자기 분석과 비교: 라이프로깅을 통해 다른 사람과 자신을 비교할 수 있습니다. 또한 자신의 생각과 행동을 분석해 나가면서 자기 자신에 대한 이해를 높이고, 다른 사람들과의 관계를 더욱 성숙하게 다룰 수 있습니다.

6. 창의성 증진: 라이프로깅을 통해 자신의 생각과 감정을 기록하면서 창의성을 증진시킬 수 있습니다. 이를 통해 새로운 아이디어와 인사이드를 발견하고, 창의적인 생각을 유지할 수 있습니다.

빙챗의 간단한 답변으로는 라이프로깅 메타버스의 장점의 작은 한 부분만 짐작할 수 있을 뿐이다. 챗GPT의 대답을 통해 우리는 라이프로깅 메타버스의 진정한 장점과 그 활용도에 대한 고찰이 가능해지므로, 우리는 챗GPT의 답을 이 질문에 대한 정답으로 채택한다. 즉, 라이프로깅이라는 표현 그대로 일상적인 활동이나 생각, 감정 등을 기록하는 것을 통해 라이프로깅 메타버스는 건강 증진, 특정한 기술의 완성, 창의성 증진, 스스로의 행동과 사고의 분석과 개선 등 다양한 문제에 대한 해결책을 제시하고 그 목표를 달성하는 데 도움을 줄 수 있다는 점에서 큰 장점이 있다.

(4) 라이프로깅 활용의 사례

아울러 이러한 점들이 바로 사업성이 높은 서비스 제공 대상이 될 수 있다고 생각되는데, 실제로 라이프로깅 메타버스를 활용한 사례를 알아보도록 하자.

문: 라이프로깅 메타버스를 활용한 한국과 미국의 서비스에 대해 알려 주세요.

> 빙챗: 한국과 미국에서 라이프로깅을 활용한 서비스는 다양합니다. 예를 들어, 한국에서는 라이프 케어 산업이 발전하고 있으며 Smilegate.AI에서는 일상을 기록하는 Lifelogging 서비스를 제공하고 있습니다. 미국에서도 라이프로깅을 활용한 맞춤형 건강관리 서비스가 제공되고 있습니다.
>
> 챗GPT: 라이프로깅 메타버스는 사용자의 일상 활동을 기록하고 그 기록을 가상현실 공간에서 재현하는 기술입니다. 이 기술은 한국과 미국 모두에서 다양한 서비스에서 활용되고 있습니다.
>
> 한국에서는 라이프로깅 메타버스 기술을 활용한 서비스로 '멜론 캠퍼스(Melon Campus)'가 있습니다. 멜론 캠퍼스는 음악 스트리밍 서비스인 멜론에서 제공하는 가상 캠퍼스로, 사용자의 음악 청취 기록을 바탕으로 가상 캠퍼스에서 라이브 음악 공연을 즐길 수 있습니다.
>
> 미국에서는 라이프로깅 메타버스 기술을 활용한 서비스로 '선샤인(Sunshine)'이 있습니다. 선샤인은 사용자의 일상 활동을 기록하고 그

기록을 가상공간에서 재현하여 자신의 가상 세계를 만들 수 있게 해주는 서비스입니다. 사용자는 자신이 원하는 대로 가상 세계를 꾸밀 수 있으며, 다른 사용자와 함께 가상 세계를 탐험하고 소통할 수 있습니다. 또한, 라이프로깅 메타버스 기술은 게임 산업에서도 활용되고 있습니다. 한국의 게임 개발사 넷마블은 라이프로깅 메타버스 기술을 적용한 모바일 게임 '브라운 더스트(Brown Dust)'를 출시하였습니다. 이 게임은 사용자의 일상 활동을 기록하고 그 기록을 바탕으로 캐릭터를 강화하는 등의 게임 시스템을 제공합니다. (이하 결론 생략)

우리는 빙챗과 챗GPT의 대답에서 라이프로깅 메타버스의 장점을 활용하여 실제로 다양한 서비스들이 이미 우리의 일상을 점유하고 있다는 것을 알 수 있다. 멜론 캠퍼스와 선샤인 등이 여기에 속한다. 그런데 브라운 더스트에 대한 챗GPT의 설명은 틀린 내용이다. 빙챗과 챗GPT에 반복 질문하여 이 부분을 확인하였는데 단독으로 브라운 더스트에 대해서만 질문했을 때는 두 챗봇 모두 정확한 정보를 제공하였다. 이에 따르면 브라운 더스트는 네오위즈에서 개발된 전략 RPG 게임으로 메타버스의 분야 중에서는 가상 세계에 속한다고 할 수 있겠다.

6. 거울세계 메타버스

(1) 거울세계란?

이제 거울세계 메타버스에 대해 알아볼 차례이다. 먼저 거울세계 메타버스가 무엇인지 탐문해 보자.

문: 거울세계 메타버스에 대해 알려 주세요.

> 빙챗: 거울세계란 실제 세계의 형태, 정보, 모습, 인프라 등을 가져가서 메타버스 세계에 구현한 것을 말합니다. 현실 세계에서 효율성과 확장성을 넓히는 데 도움이 됩니다. 예를 들면, 배달의민족이라든가, 구글어스, 신세계몰, 에어비앤비 등과 같은 것들입니다.
>
> 챗GPT: 거울세계 메타버스는 가상 혹은 디지털 세계에서 실제 세계와 유사한 형태와 기능을 가지는 공간을 말합니다. 이는 증강 혹은 가상현실 기술을 통해 구현되며, 사용자는 이 공간에서 다른 사용자들과 상호작용하거나 가상의 경험을 할 수 있습니다.
>
> 거울세계 메타버스는 2차원적인 인터넷이 아닌 3차원적인 가상공간으로, 현재까지는 온라인 게임, 가상현실, 증강현실, 소셜 미디어, 영화 등에서 활용되고 있습니다.
>
> 하지만 최근에는 이러한 거울세계 메타버스를 바탕으로 새로운 비즈니스 모델이 등장하고 있습니다. 가상으로 제품을 시연하거나 가상으로 상담을 받을 수 있는 전자상거래, 가상 행사나 콘서트, 가상 투어 등 다양한 분야에서 거울세계 메타버스가 활용되고 있습니다.

특히 거울세계 메타버스는 기존의 비즈니스 모델에서는 적용할 수 없었던 새로운 혁신적인 아이디어와 서비스를 구현할 수 있는 기회를 제공합니다. 또한 지속적으로 발전하면서, 현재는 하나의 미디어 플랫폼에서 다양한 서비스와 기술이 통합되는 새로운 형태의 메타버스가 탄생할 가능성도 있습니다.

사진 3-1: 에어비앤비가 거울세계 메타버스를 활용한 대표적 사례이다

빙챗과 챗GPT의 설명을 종합하면 거울세계 메타버스에 대한 완벽한 답이 된다. 즉, 거울세계 메타버스는 실제 세계의 형태, 정보, 모습, 인프라 등을 가져가서 메타버스 세계에 구현한 것을 일컫는다. 거울세계 메타버스라는 명칭 자체에서 이상의 의미가 잘 드러나듯이, 실제 세계를 거울처럼 그대로 반영한다는 의미에서 우리는 이러한 세계관이 반영된 기술을 '거울세계'라고 지칭하는 것이다.

사실 거울세계 메타버스는 우리 일상생활에서 손쉽게 만날 수 있다. 빙챗이 언급하고 있는 것처럼 배달의민족이라든가, 구글어스, 신세계몰, 에어비앤비가 바로 거울세계 메타버스를 활용한 서비스라고 할 수 있는 것이다. 그리고 챗GPT가 언급하고 있는 것처럼 거울세계 메타버스는, 한 플랫폼에서 다양한 서비스와 기술에 통합되어, 새로운 형태의 메타버스로 새로운 시장을 개척시킬 수 있는 가능성이 열려 있다고 하겠다.

(2) 거울세계의 기능

앞에서도 제기했지만, 거울세계 메타버스란, 쉽게 말해서 네이버 지도에서 맛집 등을 보여 주는 기능을 일컫는다. 우리는 여기에서 현실의 식당을 가상의 공간인 지도에 옮겨 와 이용자 평가 등을 통해 이용자들이 원하는 서비스를 편하게 누리도록 설계된 메커니즘을 발견할 수 있다. 거울세계 메타버스의 실제 사례들을 차차 살펴보기로 하고, 그 전에 이 기술의 기능에 대해 먼저 알아보자.

문: 거울세계 메타버스의 기능에 대해 알려 주세요.

빙챗: 거울세계 메타버스의 기능은 실제 세계의 형태, 정보, 모습, 인프라 등을 가져와서 메타버스 세계에 구현한 것입니다. 이것은 현실 세계에서 효율성과 확장성을 넓히는 데 도움이 됩니다. 예를 들면, 배달의민족이라든가, 구글어스, 신세계몰, 에어비앤비 등과 같은 것들입니다. (이하 생략)

챗GPT: 거울세계 메타버스의 기능은 다양하며, 다음과 같습니다.

1. 가상공간 구현: 가상 세계를 구현하고 다른 사용자와 상호작용할 수 있는 가상공간을 제공합니다.

2. 가상 콘텐츠 제공: 다양한 가상 콘텐츠를 제공하여 사용자들이 즐길 수 있습니다. 이러한 가상 콘텐츠는 게임, 영화, 쇼핑, 교육, 의료 등의 분야에서 활용됩니다.

3. 가상 경험 제공: 다양한 가상 경험을 제공하여 사용자들이 다양한 분야에서 경험을 쌓을 수 있습니다. 예를 들어 가상으로 여행을 다니거나 가상으로 제품을 만들어 보는 등의 경험이 가능합니다.

4. 가상 행사 개최: 가상으로 다양한 행사를 개최할 수 있습니다. 이러한 가상 행사는 온라인 콘서트, 가상 전시회, 가상 업무 회의 등 다양한 분야에서 활용됩니다.

5. 가상 상호작용: 사용자들 간의 가상 상호작용을 가능하게 합니다. 이러한 가상 상호작용은 소셜 미디어와 비슷한 방식으로 작동하며, 사용자들은 가상으로 친구들과 대화하거나 가상으로 상품을 구매할 수 있습니다.

6. 가상 협업: 다수의 사용자들이 가상 세계에서 협업할 수 있습니다. 예를 들어, 가상 협업 툴을 활용하여 가상으로 제품 설계를 하거나 가상으로 회사 업무를 진행할 수 있습니다.

7. 가상 교육: 교육 분야에서도 가상 세계를 활용하여 다양한 학습경험을 제공할 수 있습니다. 예를 들어, 가상으로 역사적인 사건을 체험하거나 가상으로 실험을 진행할 수 있습니다. (이하 생략)

역시 거울세계 메타버스의 기능에 대해 두 챗봇들이 적절한 답변을 내놓았다. 빙챗에 따르면 거울세계 메타버스는 실제 세계의 형태, 정보, 모습, 인프라 등을 가져와서 메타버스 세계에 구현한 것이므로 현실 세계에서 효율성과 확장성을 넓히는 데 도움이 된다. 챗GPT의 대답을 따라 구체적으로 이러한 기능이 어떻게 쓰일 수 있는지 분석해 보면, 우선 게임, 영화, 쇼핑, 교육, 의료 등의 여러 분야에 다양한 가상의 콘텐츠를 제공하는 것이 가능해지고, 다음으로 교육, 행사, 협업, 상호 교류 등 다양한 가상의 활동이 가능해진다.

(3) 거울세계의 활용

이와 같은 기능으로 인해 거울세계 메타버스는 여러 가지 장점을 가지고 있다. 빙챗과 챗GPT는 거울세계 메타버스의 장점을 다음과 같이 평가하였다.

문: 거울세계 메타버스의 장점에 대해 알려 주세요.

> 빙챗: 메타버스의 장점은 무궁무진합니다. 메타버스는 온라인 공간에서 실시간으로 상호작용을 하기 때문에 정보교환의 속도와 질이 상승합니다. 또한 사용할 수 있는 공간의 제한이 없기 때문에 전 세계 어디에 있는 사람이든 만날 수 있습니다. 거울세계는 현실세계를 거울에 비추듯이 메타버스 안에 구현해서 더 효율적으로 많은 것을 할 수 있게 확장해 준 메타버스입니다. 가상 세계는 현실에 존재하지 않는 전혀 다른 신세계입니다.

챗GPT: 거울세계 메타버스의 장점은 다음과 같습니다.

1. 현실 세계와 구분되는 가상공간: 거울세계 메타버스는 현실 세계와 구분되는 가상공간을 제공합니다. 이를 통해 사용자들은 현실 세계에서는 불가능한 다양한 경험을 쌓을 수 있습니다.

2. 다양한 분야에서의 활용 가능: 거울세계 메타버스는 게임, 영화, 쇼핑, 교육, 의료 등 다양한 분야에서 활용될 수 있습니다. 이를 통해 다양한 사용자들에게 맞춤화된 서비스를 제공할 수 있습니다.

3. 실시간으로 반응하는 가상 상호작용: 거울세계 메타버스에서는 실시간으로 반응하는 가상 상호작용이 가능합니다. 이를 통해 사용자들은 다른 사용자와의 상호작용을 통해 실시간으로 새로운 경험을 쌓을 수 있습니다.

4. 새로운 가치 창출: 거울세계 메타버스는 새로운 가치를 창출할 수 있는 가능성을 가지고 있습니다. 예를 들어, 가상으로 상품을 체험하고 구매하는 경험을 제공함으로써 새로운 쇼핑 경험을 제공할 수 있습니다.

5. 협업과 교육에서의 활용: 거울세계 메타버스는 협업과 교육 분야에서도 활용될 수 있습니다. 이를 통해 사용자들은 현실 세계에서 어려웠던 일들을 가상 세계에서 협업하며 해결할 수 있습니다.

6. 접근성 확대: 거울세계 메타버스는 거리와 장소의 제약 없이 모든 사용자들이 쉽게 접근할 수 있는 장점이 있습니다. 이를 통해 사용자들은 언제 어디서든 가상 세계를 즐길 수 있습니다.

이러한 다양한 장점들을 통해 거울세계 메타버스는 혁신적인 기술로 떠오르고 있으며, 미래의 디지털 세상에서 중요한 역할을 할 것으로 예상됩니다.

빙챗과 챗GPT에 따르면 거울세계 메타버스는 실시간으로 상호작용을 하기 때문에 정보교환의 속도와 질이 높아질 뿐만 아니라 공간의 제약을 넘어 전 세계 어디에 있는 사람이든 연결이 가능하게 되는 장점이 있다.

사진 3-2: 내비게이션 서비스도 기본적으로 거울세계 메타버스를 근간으로 한다

이와 같은 장점으로 인해 거울세계 메타버스가 현재는 물론 미래에도 중요한 비즈니스 모델을 제시할 수 있다면서 챗GPT는 '혁신'과 '중요'라는 단어를 써서 특별히 강조를 하고 있는데, 인공지능 챗봇이 대개 단조로운 어조로 얘기를 하고 있는 점을 감안한다면 이렇게 강한 어조로 의견을 제시하는 점은 상당히 특이한 부분이라 하겠다. 경영자와 투자자들은 이런 부분을 놓치지 말고 실제 활용에 적용할 필요가 있겠다.

(4) 거울세계 활용의 사례

그런데 이러한 두 챗봇의 설명은 사실 거울세계 메타버스의 특징이라기보다는 메타버스 기술 자체의 장점에 치우친 것으로 보인다. 우리는 보다 범위를 좁혀서 실제 거울세계 메타버스를 활용한 사례를 통해 거울세계 메타버스만의 장점과 비즈니스 및 사용자 차원에서의 활용도를 검토해 볼 필요가 있겠다.

문: 거울세계 메타버스에 대한 예시로 어떤 것이 있나요?

> 빙챗: 거울세계는 실제 세계의 모습, 정보, 구조 등을 가져가서 복사하듯이 만들어 낸 메타버스를 거울세계라고 합니다. 예를 들어 인터넷 지도 서비스(구글어스, 네이버맵)가 거울세계의 대표적인 예시입니다. 또한 일본에서는 코로나19로 등교가 금지된 초등학생들이 마인크래프트 안에 교실을 만들고 가상 졸업식을 진행하며, 이를 라이프로깅 메타버스와 트위터에 공유했습니다.
>
> 챗GPT: 거울세계 메타버스는 가상현실과 증강현실을 활용하여 다양한 서비스와 콘텐츠를 제공하는 데 사용될 수 있습니다. 몇 가지 예시는 다음과 같습니다.
>
> 1. 가상현실 쇼핑몰: 가상현실을 이용하여 사용자들이 가상의 상점에서 상품을 탐색하고 구매할 수 있는 서비스입니다. 사용자들은 가상의 공간에서 상품을 시각적으로 확인하고, 가상의 현금을 사용하여 상품을 구매할 수 있습니다.

2. 가상현실 미디어: 가상현실을 이용하여 다양한 미디어 콘텐츠를 제공하는 서비스입니다. 예를 들어, 가상현실 영화관이나 음악 공연을 즐길 수 있는 가상현실 미디어 서비스가 있습니다. (이하 생략)

챗GPT가 제시하고 있는 것은 사실 거울세계 메타버스에 그치는 것이 아니고 메타버스의 여러 활용도에 대한 정보이다. 빙챗은 거울세계 메타버스를 활용한 서비스의 예로 구글어스, 네이버맵 등을 정확히 제시하고 있다. 앞에서 거울세계 메타버스의 의미를 묻는 질문에 대답한 답변과 묶어서 얘기해 보면 구글어스, 네이버맵, 배달의민족, 에어비앤비 등의 서비스가 모두 거울세계 메타버스를 활용한 서비스라고 할 수 있겠다.

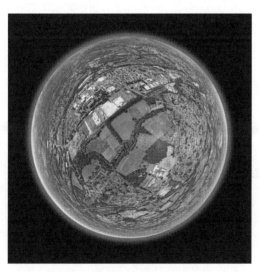

그림 3-7: 구글어스도 거울세계 메타버스를 대표한다

나아가서 여행에 대한 정보를 제공하는 트립어드바이저, 호텔스컴바인, 여기어때 등이 모두 거울세계 메타버스를 비즈니스적 마인드와 결합해 만든 서비스라고 할 수 있겠다. 이상의 서비스들은 모두 이용자들과 이용 대상의 장소를 연결하는 서비스로, 이용자와 공급자의 협업을 바탕으로 이루어지는 새로운 비즈니스의 대표적인 모델이라 할 수 있겠다.

7. 가상 세계 메타버스

(1) 가상 세계란?

이제 마지막으로 가상 세계 메타버스에 대해 알아보자.

문: 메타버스 종류 중에서 가상 세계를 설명해 주세요.

> 빙챗: 메타버스 종류는 증강현실(AR), 라이프로깅(Lifelogging), 거울세계(Mirror World), 가상 세계(Virtual Worlds) 등이 있습니다. 가상 세계는 3차원 가상 세계를 뜻하며, 현실과 가상의 경계가 사라진 공간입니다.

위와 같은 빙챗의 대답은 사실 큰 도움이 되지 않는다. 챗GPT의 대답을 들어 보자.

문: 메타버스 종류 중에서 가상 세계를 정의해 주세요.

챗GPT: 가상 세계는 메타버스의 일부로, 인터넷상에서 가상으로 존재하는 세계를 말합니다. 이러한 가상 세계에서 사용자들은 가상으로 자신의 캐릭터를 만들어 활동할 수 있으며, 다른 사용자들과 상호작용하거나 가상 경제활동을 할 수도 있습니다.

가상 세계는 보통 3D 그래픽으로 구현되며, 사용자들은 가상으로 만들어진 세계 안에서 움직일 수 있습니다. 이러한 가상 세계에서 사용자들은 가상으로 다양한 경험을 쌓을 수 있으며, MMORPG 게임과 같은 기능도 제공될 수 있습니다.

가상 세계는 메타버스 중 하나의 형태이며, 메타버스는 가상으로 구현된 세계들의 집합으로, 사용자들은 이러한 가상 세계에서 다양한 경험을 쌓을 수 있습니다. 메타버스는 가상 세계 이외에도 가상공간, 가상 경제, 가상 거래 등 다양한 기능을 제공할 수 있습니다.

그림 3-8: 가상 세계 메타버스는 말 그대로 가상의 공간을 창조한다

챗GPT의 설명은 가상 세계 메타버스에 대한 정확한 이해를 바탕으로 하고 있다. 이에 따르면 가상 세계는 실제 세계와 상관없이 온라인상에만 존재하며 대개 이용자들은 아바타를 사용하여 이 가상 세계에서 다양한 가상의 활동을 하면서 가상의 삶을 살 수 있도록 꾸며 놓은 공간이다.

(2) 가상 세계의 기능

이와 같은 가상 세계 기반의 메타버스는 어떤 기능을 가지고 있을까? 빙챗과 챗GPT의 의견을 물어보자.

문: 가상 세계 메타버스의 기능에 대해 설명해 주세요.

> 빙챗: 메타버스의 가상 세계 기능에는 다양한 것들이 있습니다. 메타버스는 사람들이 서로 상호작용할 수 있는 가상의 미래 인터넷 기반 공간과 다양한 가상 물체와 환경을 겉보기에 실제 또는 물리적인 방식으로 지칭합니다. 메타버스에서는 상호 간 대화와 협업이 가능한 몰입형 환경을 제공하며, 상호 연결된 서로 다른 세계가 모여 실제 우주를 구성하듯 메타버스는 서로 다른 가상 세계의 집합으로 구성됩니다.
> 챗GPT: 가상 세계는 메타버스의 일종으로, 다양한 기능을 제공합니다. 그중에서도 가상 세계의 기능은 다음과 같습니다.
> 1. 가상공간 탐험: 가상 세계에서는 다양한 가상공간을 탐험할 수 있습니다. 예를 들어, 가상 도시, 가상 숲, 가상 해변 등 다양한 환경을 체험할 수 있습니다. 또한, 실제 세계에서는 불가능한 경험도 가상 세

계에서는 가능합니다.

2. 가상 캐릭터 생성: 가상 세계에서는 자신만의 가상 캐릭터를 생성할 수 있습니다. 캐릭터의 외모, 의상, 액세서리 등을 선택할 수 있으며, 캐릭터를 자유롭게 조작할 수 있습니다.

3. 가상 교류: 가상 세계에서는 다른 사용자와 가상으로 교류할 수 있습니다. 이를 통해 다양한 인터랙션을 즐길 수 있으며, 다른 사용자와 협업하여 게임을 즐길 수도 있습니다. (이하 생략)

빙챗과 챗GPT 모두 나름대로 적절한 대답을 하고 있는데 종합해 보면, 가상 세계 메타버스는 역시 가상의 세계에서 펼쳐지는 서사를 다룬 공간이므로 사용자들이 다양한 가상의 활동을 전개한 후 대리 만족 혹은 선험적 정보 확보의 기능이 가장 우선적이라 할 수 있겠다.

(3) 가상 세계의 활용

이러한 가상 세계 메타버스는 어떤 장점이 있을까?

문: 메타버스 중에서 가상 세계의 장점에 대해 설명해 주세요.

빙챗: 메타버스의 가상 세계 기능에는 다양한 장점들이 있습니다. 메타버스에서는 현실에서는 불가능한 것들이 가상 세계 속에서 실제로 이루어질 수

있습니다. 메타버스는 온라인 공간에서 실시간으로 상호작용을 하기 때문에 정보교환의 속도와 질이 상승합니다. 또한 사용할 수 있는 공간의 제한이 없기 때문에 전 세계 어디에 있는 사람이든 만날 수 있습니다. 메타버스에서는 상호 간 대화와 협업이 가능한 몰입형 환경을 제공하며, 상호 연결된 서로 다른 세계가 모여 실제 우주를 구성하듯 메타버스는 서로 다른 가상 세계의 집합으로 구성됩니다.

챗GPT: 가상 세계는 여러 가지 장점을 가지고 있습니다.

1. 자유로운 경험: 가상 세계에서는 현실에서는 경험하기 어려운 자유로운 경험을 할 수 있습니다. 예를 들어, 가상 세계에서는 날아다니기, 물속에서 자유롭게 헤엄치기 등이 가능합니다.

2. 창의적인 활동: 가상 세계에서는 다양한 창의적인 활동을 할 수 있습니다. 사용자가 자신만의 가상 캐릭터를 만들고, 그 캐릭터를 다른 사용자와 협업하여 새로운 창작물을 만들어 낼 수 있습니다.

3. 협업: 가상 세계에서는 다른 사용자들과 협업을 통해 게임을 즐길 수 있습니다. 이를 통해 새로운 인터랙션과 경험을 할 수 있으며, 다양한 문제를 해결하는 능력도 향상됩니다.

4. 가상 경제: 가상 세계에서는 가상 경제가 운영됩니다. 사용자는 가상으로 물건을 구매하거나 판매할 수 있으며, 가상 자산을 획득할 수 있습니다.

5. 교육: 가상 세계에서는 다양한 분야에서의 가상 교육이 가능합니다. 예를 들어, 가상 강의나 시뮬레이션을 통해 사용자들은 학습을 할 수 있으며, 이를 통해 현실에서는 경험하기 어려운 경험도 쌓을 수 있습니다.

6. 물리적 제약의 해소: 가상 세계에서는 현실 세계에서는 불가능한 경

험을 할 수 있습니다. 이를 통해 현실에서는 경험하기 어려운 경험을 할 수 있으며, 물리적 제약이나 거리와 시간적 제약 등을 해소할 수 있습니다.

　빙챗의 대답은 가상 세계 메타버스에 국한된 설명이 아니라 메타버스의 일반적 장점까지 같이 다루고 있다. 어쨌든 이에 따르면 가상 세계 메타버스의 장점은 먼저 현실적으로 가능하지 않은 일까지 이룰 수 있으며 다음으로 시공간의 장애를 크게 극복할 수 있다고 한다. 첫 번째 장점이 바로 가상 세계 메타버스의 가장 큰 장점이라 할 수 있겠다.

사진 3-3: 시공간의 제약을 극복한 가상 세계에서는 실제 같은 전투를 즐길 수 있다

챗GPT의 대답은 이 장점을 보다 다양하게 풀어서 쓰고 있다. 즉 이에 따르면, 가상 세계 메타버스의 장점은 다양한 가상 활동을 통해 제약 없이 자유롭고 창의적인 활동이 가능하고, 또한 시공간의 제약으로 현실에서는 불가능한 협업이 가능하며, 어떤 행위가 실제 생활에 어떤 영향을 줄지 미리 체험이 가능하다는 것이다.

(4) 가상 세계 활용의 사례

이러한 장점으로 인해 가상 세계 메타버스는 경영자와 이용자의 입장에서 다양한 서비스를 제공할 수 있겠는데 대표적인 몇 가지를 알아보도록 하자.

> 문: 메타버스 중에서 가상 세계를 활용한 한국과 미국의 서비스에 대해 설명해 주세요.

챗GPT: 가상 세계를 활용한 한국과 미국의 서비스는 다음과 같습니다.
1. 한국의 '쿠키런: 킹덤'
'쿠키런: 킹덤'은 한국의 게임 개발사 '디씨인사이드'가 개발한 게임으로, 가상 세계에서 쿠키 캐릭터들과 함께 모험을 떠나는 게임입니다. 사용자는 자신만의 쿠키 캐릭터를 만들고, 캐릭터를 업그레이드하여 다양한 스킬을 사용할 수 있습니다.
2. 미국의 'Second Life'
'Second Life'는 미국의 회사 'Linden Lab'에서 개발한 가상 세계 플랫폼으로, 사용자들이 자신만의 가상 캐릭터를 만들어 다양한 활동을 즐길 수 있습니다. 사용자들은 가상 세계에서 건축물을 짓거나, 가상으로 상품을 판매하거나, 이성을 만나는 등의 활동을 할 수 있습니다.

3. 한국의 '랜선세계'

'랜선세계'는 한국의 게임 개발사 'NHN'에서 개발한 게임으로, 가상 세계에서 다양한 이벤트와 게임을 즐길 수 있습니다. 사용자들은 자신만의 가상 캐릭터를 만들고, 가상으로 놀이 기구를 타거나, 자신의 방을 꾸미는 등의 활동을 할 수 있습니다.

4. 미국의 'VR Chat'

'VR Chat'은 미국의 회사 'Graham Gaylor'에서 개발한 가상 세계 플랫폼으로, 가상 세계에서 다양한 이벤트와 게임을 즐길 수 있습니다. 사용자들은 가상 캐릭터를 만들고, 가상 세계에서 다른 사용자들과 대화를 나누는 등의 활동을 할 수 있습니다.

5. 한국의 '안녕나의집'

'안녕나의집'은 한국의 게임 개발사 '넥슨'에서 개발한 게임으로, 가상 세계에서 자신만의 집을 꾸미는 게임입니다. 사용자들은 가상으로 다양한 가구와 소품을 구매하거나, 가상으로 친구를 초대하여 자신의 집에서 놀이를 즐길 수 있습니다.

빙챗의 경우 소개할 만한 대답이 나오지 않아서 생략했다. 챗GPT의 경우 가상 세계 메타버스를 활용한 다양한 서비스를 소개하고 있는데 대부분 게임들이다. 그중에 한국의 '쿠키런: 킹덤'이나 미국의 'Second Life'와 같은 게임이 대표적인데 이 두 게임들은 전 세계의 수많은 이용자들이 즐

기계 되면서 성공적으로 운영되고 있다.

사진 3-4: '쿠키런: 킹덤' 게임 시작 장면 캡처

제4장

블록체인에 대해

이제 블록체인에 대해 알아볼 순서가 되었다. 블록체인 하면 즉시 떠오르는 것이 있는데 바로 비트코인이다. 그런데 블록체인과 비트코인은 어떤 관계인지 정확하게 알고 있는 사람은 많지 않을 것 같다. 빙챗과 챗GPT는 과연 이들의 관계에 대해 제대로 알고 있는지 궁금해진다.

최근 몇십 년 동안 코스닥, 닷컴, 벤처, IT 열풍 등에 힘입어 일반인의 투자 열풍을 불러일으킨 순간이 몇 번 있었는데 그 흐름을 이어받은 게 바로 요즘의 암호화폐 열풍이라고 할 수 있겠다. 2017년에 시작된 이 열풍은 2018년 초와 2022년의 폭락으로 현재 소강상태이긴 하지만, 이전 기술의 역사에서도 드러나듯이 새로운 기술이 등장하면 항상 옥석이 가려지는 지루한 공방의 순간이 있기 마련이었고, 암호화폐가 가까운 미래에 대세가 된다는 사실에는 변함이 없다고 할 수 있겠다. 즉, 도도한 기술사의 흐름에 순항하기 위해서 우리는 암호화폐가 무엇인지 꼭 알아야 할 필요가 있다는 것이다.

블록체인과 비트코인으로 대표되는 암호화폐는 밀접한 관계가 있으므로, 이 장에서는 두 인공지능 챗봇과의 대화를 통해 블록체인 기술의 특징과 함께 암호화폐의 다양한 면모를 살펴보도록 하겠다.

그림 4-1: 블록체인 기술은 비트코인과 불가분의 관계이다

1. 블록체인 기술의 활용

우선 비즈니스 경영자의 입장에서 블록체인 기술이 과연 어떤 활용도가 있는지 알아보았다.

문: 경영자의 입장에서 블록체인 기술은 어떤 기회를 제공하나요?

빙챗: 블록체인 기술은 기업에서는 불변성과 보안성을 강조하며, 거래의 신뢰성을 높이고 비용을 절감할 수 있습니다. 블록체인 기술은 또한 기업의 경영전략에도 맞아야 하며, 기업의 비즈니스 모델과 연계되어야 합니다. 예를 들어, 블록체인 기술을 활용하여 제품의 원산지나 유통과정을 추적하면 이용자들은 제품에 대한 신뢰도를 높일 수 있으며, 기업은 제품의 안전성과 품질을 보장할 수 있습니다.

챗GPT: (위와 비슷한 대답이어서 생략)

두 인공지능 챗봇이 대답한, 경영자적 입장에서 본 블록체인의 이점에 대한 내용은 사실상 비슷하다. 즉, 두 챗봇 모두 보안성, 투명성, 비용 절감, 신뢰성 측면에서 블록체인은 이전의 사업 모델을 한 단계 더 업그레이드시킬 수 있는 기회를 제공한다고 하며, 이로 인해 심지어 새로운 비즈니스 모델을 창출해 주기도 한다고 제시하였는데, 이는 블록체인 기술의 장점과 활용도를 바탕으로 정확한 사실을 전달한 것이다.

한 가지 주목할 것은 이러한 블록체인 기술의 장점은 이용자의 측면에서도 정확하게 적용된다는 점이다. 즉, 이용자의 입장에서도 보안성, 투명성, 신뢰성이 높은 새로운 비즈니스 모델이라면 마다할 이유가 없는 것이다.

2. 블록체인이란?

블록체인 기술이 이토록 좋다는데 과연 블록체인이라는 것은 정확하게 어떤 기술인가? 검토해 볼 필요가 있겠다. 블록체인이라는 말 자체가 무슨 뜻인지 빙챗과 챗GPT에게 질문해 보자.

문: 블록체인에 대해 알려 주세요.

빙챗: 블록체인은 컴퓨터 네트워크의 노드들 사이에서 공유되는 분산 데이터베이스 또는 원장입니다. 블록체인은 디지털 형식으로 정보를 저장합니

다. 블록체인은 암호화폐 시스템(예: 비트코인)에서 안전하고 분산된 거래 기록을 유지하는 데 가장 잘 알려져 있습니다. 블록체인은 디지털 정보를 기록하고 분배할 수 있도록 하는 것이 목표입니다. 이러한 방식으로 블록체인은 변경할 수 없는 원장 또는 거래 기록을 유지하는 기초입니다.

챗GPT: 블록체인(Blockchain)은 분산 원장 기술로, 일련의 블록(Block)이 체인(Chain) 형태로 연결되어 있는 데이터 구조입니다. 블록체인은 분산화된 P2P 네트워크에 의해 유지되며, 중앙 서버가 없이 모든 노드들이 서로 합의에 도달하여 데이터를 공유하고, 이를 검증하는 시스템입니다. 블록체인에서 각 블록은 이전 블록의 정보를 참조하고, 현재 블록에 대한 유효성 검증을 수행하는 해시값이 존재합니다. 이러한 과정은 블록체인의 무결성을 보장하며, 블록체인에 저장된 모든 정보는 거래의 불변성과 투명성을 보장합니다. 블록체인은 비트코인을 비롯한 암호화폐와 밀접한 관련이 있으며, 분산화된 금융 거래, 디지털 자산 관리, 중앙 집중화된 시스템에서 발생할 수 있는 보안 위협을 줄이는 등의 다양한 분야에서 활용되고 있습니다. 블록체인은 보안성이 높으며, 투명성, 탈중앙화 등의 특성 때문에 현재 많은 분야에서 연구와 개발이 이루어지고 있습니다.

빙챗과 챗GPT 모두 나름대로 블록체인에 대해 적절한 설명을 해 주고 있다. 이에 따르면 블록체인(Blockchain)은 분산 원장을 바탕으로 한 기술이며 블록(Block)이 체인(Chain) 형태로 연결되어 있는 구조를 가진 데이터의 연결체라고 정의할 수 있겠다.

3. 블록체인 기술의 구성

(1) 블록에 대해

챗GPT의 경우 블록체인의 다양한 면모들에 대해 알려 주고 있는데, 이들을 차례로 탐구해 보기로 하고 우선 블록체인과 관련된 설명에서 나온 여러 가지 기술적 용어들인 블록, 분산 원장, 노드 등에 대해 알아보기로 하자.

문: 블록체인 기술에서 블록이 무엇인지 알려 주세요.

빙챗: 블록은 블록체인의 기본 구성 요소 중 하나입니다. 블록은 블록체인의 분산 원장에 기록된 거래 내역을 포함합니다. 블록은 이전 블록과 연결되어 있으며, 이전 블록의 해시값을 포함합니다. 블록은 일반적으로 거래 내역, 타임스탬프, 이전 블록의 해시값 등을 포함합니다.

챗GPT: 블록(Block)은 블록체인 기술에서 가장 기본적인 구성 요소 중 하나로, 일련의 거래 정보를 포함하고, 이전 블록과 연결되어 하나의 체인 형태로 구성되는 데이터 블록입니다. 블록은 분산된 네트워크의 모든 노드에 동일하게 복제되며, 블록체인 기술의 핵심인 탈중앙화와 보안성을 제공합니다.

블록은 일정한 크기를 가지며, 블록 안에는 여러 개의 거래 정보와 해당 거래의 유효성을 검증하는 데이터인 논스(Nonce), 이전 블록의 해시값 등이 포함됩니다. 블록 안의 거래 정보는 모두 디지털 서명을 통해 검증됩니다. 블록은 이전 블록의 해시값을 참조하여 연결되기 때문에, 이전 블록의 내용을 변경하면 이후 블록의 해시값도 변경되어 블록체인상의 모든 블록이 유효하지 않게 됩니다. 이는 블록체인의 보안성과 무결성을 보장합니다.

블록체인 기술에서는 새로운 거래 정보가 발생할 때마다, 이를 새로운 블록에 담아 블록체인에 추가합니다. 이러한 방식으로 블록체인은 시간순으로 정렬된 거래 정보의 체인을 형성합니다. 이는 중앙 집중화된 데이터베이스와 달리 블록체인상의 거래 정보는 모두 분산 저장되며, 블록체인 네트워크의 모든 노드가 동일한 정보를 가지고 있어, 거래 정보의 변조나 위조를 방지합니다.

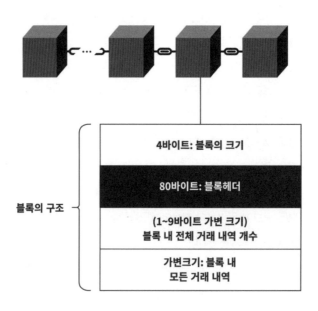

그림 4-2: 블록의 구조를 정리했다(이병욱, p. 79 그림 참조)

메타버스처럼 개념상의 정의가 관건인 기술에 비해 블록체인과 같은 보다 외적인 기술에 대한 설명에 대해서라면 빙챗과 챗GPT의 설명이 틀린 경우가 거의 없었다. 블록에 대한 이들의 답변도 예외가 아니어서 두 챗봇 모두 정확한 정의를 내리고 있다. 이들에 따르면 블록(Block)은 블록체인 기술의 기본적인 구성 요소 중 하나로, 일련의 거래 정보를 포함한 채로 이전 블록과 연결되어 하나의 체인 형태를 구성하는데 이러한 체인을 블록체인이라고 한다는 것이다.

(2) 타임스탬프에 대해

이상과 같은 블록의 개념에 대한 대답에서 타임스탬프, 해시값이라는 다른 개념이 또 등장했다. 과연 무슨 뜻인지 차례로 알아보자.

문: 블록체인 기술에서 타임스탬프가 무엇인지 알려 주세요.

> 빙챗: 타임스탬프는 블록체인에서 거래가 발생한 시간을 나타내는 기술입니다. 블록체인에서 거래는 타임스탬프와 함께 블록에 기록됩니다. 이를 통해 블록체인의 분산 원장에 기록된 거래 내역의 시간 순서를 파악할 수 있습니다.
>
> 챗GPT: 블록체인 기술에서 타임스탬프(Time Stamp)는 특정 데이터나 거래가 생성되거나 수정된 시간을 기록한 것입니다. 블록체인에서 각 블록은 이전 블록의 해시값을 포함하고 있으며, 이전 블록의 해시값은 이전 블록에 기록된 타임스탬프를 포함하고 있습니다. 이전 블록의

해시값은 이전 블록의 모든 데이터를 해시화한 값으로, 이전 블록에 변경이 생기면 해당 블록 이후의 모든 블록의 해시값이 변경됩니다. 이를 통해 블록체인은 이전 데이터의 위변조를 막고, 타임스탬프는 각 거래의 생성 혹은 수정 시간을 정확하게 기록할 수 있습니다. (이하 생략)

타임스탬프에 대한 두 챗봇의 대답 역시 정확한 편이다. 이들에 따르면 타임스탬프(Time Stamp)는 특정 데이터나 거래가 생성되거나 수정된 시간을 기록하는 기술이라고 한다. 이 기술이 중요한 이유는 블록체인에서 거래 내역의 무결성 검증이나 증명, 공증 등을 하기 위해서는 타임스탬프 기능이 꼭 필요하기 때문이다.

(3) 해시값에 대해

이제 해시값에 대해서 알아보자.

문: 블록체인 기술에서 해시값이 무엇인지 알려 주세요.

빙챗: 해시값은 블록체인에서 블록의 고유한 식별자 역할을 합니다. 해시값은 블록에 포함된 거래 내역, 타임스탬프, 이전 블록의 해시값 등을 입력으로 받아 생성됩니다. 해시값은 블록체인의 분산 원장에 기록된 블록을 식

식별하는 데 사용됩니다.

챗GPT: 해시값(Hash value)은 블록체인 기술에서 중요한 개념 중 하나로, 블록체인상의 각 블록을 식별하기 위한 고유한 값입니다. 해시값은 임의의 길이의 데이터를 고정된 길이의 값으로 변환하는 알고리즘에 의해 생성됩니다. 이러한 해시 함수는 입력 데이터가 조금만 변경되어도 출력값이 완전히 다르게 되므로, 블록체인에서 해시값을 사용하여 데이터의 무결성을 검증할 수 있습니다.

블록체인에서는 각 블록의 해시값이 이전 블록의 해시값을 참조하고, 자신의 데이터와 논스값을 함께 해싱하여 생성됩니다. 이렇게 생성된 해시값은 해당 블록의 고유 식별자 역할을 하며, 다른 블록의 해시값과도 함께 연결되어 블록체인을 형성합니다. (이하 생략)

두 챗봇 모두 해시값에 대해 나름의 적절한 정의를 내리고 있는데, 챗GPT의 설명이 좀 더 자세하면서도 쉬운 편이다. 이에 따르면, 해시값이란 블록체인상의 각 블록을 식별하기 위한 고유한 값이라고 한다. 즉, 블록체인은 연관된 데이터의 블록들로 구성되는데 1개의 특정한 블록에 특정한 해시값을 대응시켜 다른 블록들과 구분하는 데 쓴다는 것이다. 쉽게 말해서 집을 블록이라고 한다면 그 집을 구분하는 문패가 바로 해시값인 것인데, 이렇게 함으로써 다른 블록과의 차별성이 생기는 것이다.

(4) 분산 원장에 대해

이제 다시 블록체인에 대한 개념으로 돌아가서 분산 원장에 대해 알아보기로 하자.

문: 분산 원장에 대해서 알려 주세요.

빙챗: (일관성이 결여된 대답이라 생략)

챗GPT: 분산 원장(Distributed Ledger)은 여러 참여자들이 공유하고 관리하는 전산 시스템에서 사용되는 데이터 저장 방식입니다. 분산 원장은 중앙 집중화된 시스템과 달리, 여러 노드들이 네트워크상에서 분산하여 데이터를 저장하고 관리합니다. 이는 일종의 분산 데이터베이스 시스템으로 볼 수 있습니다.

분산 원장에서는 모든 노드들이 동일한 복제본을 유지하고, 노드들 간에 데이터의 동기화를 유지하면서 거래가 이루어집니다. 블록체인도 분산 원장의 일종으로, 거래 데이터를 블록 단위로 저장하고 이전 블록의 정보를 참조하는 방식을 사용합니다.

분산 원장은 데이터가 중앙 서버에서 관리되는 기존의 시스템과 달리, 각 노드들이 독립적으로 거래를 검증하고 저장하기 때문에 데이터의 무결성과 보안성이 보장됩니다. 이는 중앙 집중화된 시스템에서 발생할 수 있는 보안 위협을 줄이고, 탈중앙화된 시스템에서도 안정적인 데이터 관리를 가능하게 합니다.

분산 원장은 블록체인과 함께 암호화폐, 스마트 콘트랙트, 자산 관리 등 다양한 분야에서 활용되고 있으며, 현재 다양한 기업이 분산 원장 기술을 활용한 서비스를 개발하고 있습니다.

분산 원장(Distributed Ledger)에 대한 두 챗봇의 설명 중에서 빙챗보다는 챗GPT의 대답이 더 직관적이고 쉽게 설명이 잘 되어 있다. 이에 따르면 분산 원장은 복수의 참여자들이 공유하고 관리하는 전산 시스템에 쓰이는 데이터 저장 방식이다. 이러한 분산 원장의 가장 큰 특징은 중앙 집중화된 시스템과 달리 여러 노드들이 네트워크상에서 분산하여 데이터를 저장하고 관리한다는 데 있다.

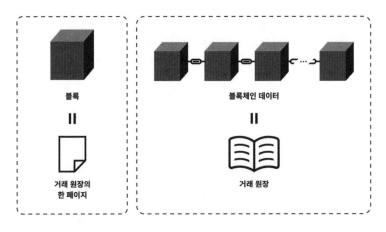

그림 4-3: 블록체인은 분산 원장 기술을 근간으로 한다(이병욱, p. 55 그림 참조)

즉, 분산 원장은 데이터가 중앙 서버에서 관리되는 기존의 시스템과 달리, 각 노드들이 독립적으로 거래를 검증하고 저장하기 때문에 데이터의 무결성과 보안성이 보장될 수 있는 것인데, 이로써 중앙 집중화된 시스템에서 발생할 수 있는 보안 위협을 줄인 탈중앙화된 시스템인 것이다. 중앙 집중화된 시스템의 경우 중앙의 시스템만 해킹한다면 전체 시스템을 장악하는 것이 가능하지만, 분산 원장의 탈중앙화 시스템에서는 모든 노드들을 해킹해야지 전체 시스템을 장악할 수 있는데 이것은 불가능하기 때문에 보안상의 문제가 해결될 수 있는 것이다.

(5) 노드에 대해

그런데 분산 원장의 설명에서 노드라는 개념이 등장했는데 이것은 또 어떤 뜻일까?

문: 블록체인 기술에서 노드가 무엇인지 설명해 주세요.

> 빙챗: 블록체인에서 노드는 네트워크의 참가자를 의미합니다. 노드는 블록체인의 분산 원장에 기록된 거래를 검증하고, 새로운 거래를 생성하고, 거래를 전파하는 역할을 합니다. 노드는 블록체인의 분산 데이터베이스에 저장된 모든 거래 내역을 가지고 있으며, 이를 검증하고 새로운 거래를 생성하여 네트워크에 전파합니다.
>
> 챗GPT: 블록체인 기술에서 노드(Node)란, 분산된 네트워크에서 정보를 주고받는 기본 단위입니다. 블록체인에서 노드는 서로 독립적으로 운영되며, 각각이 블록체인 데이터를 저장하고 유지하는 데 기여합니다.
>
> 블록체인 네트워크에 참여하는 노드는 일반적으로 서로 다른 역할을 수행합니다. 예를 들어, 채굴 노드(Mining Node)는 새로운 블록을 만들어 체인에 추가하고, 트랜잭션을 검증하고 블록체인 네트워크의 보안을 유지하는 역할을 수행합니다. (중략)
>
> 노드들은 서로 다른 역할을 수행하며, 서로 다른 기능을 가지고 있으나,

> 이러한 다양한 노드들이 모여 블록체인 네트워크를 형성하고, 함께 블록체인을 운영하여 안정적인 데이터 처리와 블록체인의 보안성을 유지합니다.

두 챗봇 모두 노드에 대한 정확한 설명을 해 주었다. 챗GPT의 경우 노드에 대해 자세한 정보를 전해 주고 있다. 분산 원장의 뜻을 이해하기 위한 우리의 목적에는 빙챗의 간략한 설명이 더 적절해 보인다. 빙챗에 따르면, 블록체인 기술에서 이야기되는 노드란 네트워크의 참가자를 의미한다고 한다. 즉, 노드는 블록체인을 구성하는 네트워크의 한 구성 축이며 쉽게 이야기하면 인터넷에 연결되어 어떤 특정한 블록체인 네트워크에 참여하고 있는 컴퓨터를 뜻하는 것이다.

(6) 트랜잭션에 대해

챗GPT의 노드에 대한 설명 중에서 트랜잭션이라는 용어가 등장하는데 이것은 또 무슨 뜻일까?

문: 블록체인 기술에서 트랜잭션이 무엇인지 설명해 주세요.

> 빙챗: 트랜잭션은 블록체인에서 거래를 의미합니다. 트랜잭션은 블록에 포함되어 블록체인의 분산 원장에 기록됩니다. 트랜잭션은 송신자, 수신자,

거래 금액 등의 정보를 포함합니다. 트랜잭션은 블록체인에서 검증되어야 하며, 검증된 트랜잭션만이 블록에 추가됩니다.

챗GPT: 블록체인 기술에서 트랜잭션(Transaction)은 블록체인상에 기록되는 거래 정보를 의미합니다. 즉, 블록체인상의 가치가 있는 자산의 송금, 구매, 판매 등과 같은 모든 거래 활동을 트랜잭션으로 기록합니다. (중략)

블록체인 기술에서는 트랜잭션을 통해 거래 내역의 안전성과 무결성을 보장합니다. 블록체인 네트워크의 모든 노드가 동일한 거래 정보를 가지고 있기 때문에, 트랜잭션 정보를 변조하거나 위조하는 것이 불가능합니다. 또한, 트랜잭션은 디지털 서명을 통해 검증되므로, 유효한 거래만 블록체인상에 기록됩니다.

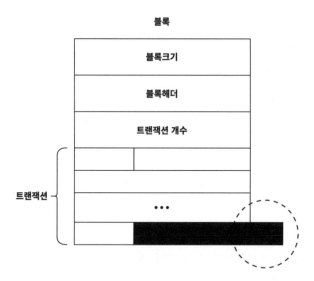

그림 4-4: 블록과 트랜잭션: 트랜잭션이 한 바이트라도 넘치면 해당 트랜잭션 전체를 그 블록 안에 다 담지 못하게 된다(이병욱, p. 80 그림 참조)

빙챗과 챗GPT의 설명은 모두 트랜잭션에 대해 가치 있는 정보를 제공하고 있다. 빙챗의 설명에 따르면 블록체인 기술에서 트랜잭션이란 바로 거래를 뜻한다. 챗GPT의 해설에 따르면 1건의 트랜잭션에는 거래 내용과 함께 발생한 시간, 수수료, 거래의 발신자 및 수신자 등의 정보가 모두 포함되어 있는데 이러한 일체의 정보를 블록체인 네트워크의 전체 노드가 모두 저장한 뒤, 다음 거래(트랜잭션)가 발생했을 때 이전의 거래와 비교하며 잘못된 정보가 있는지 검증을 일일이 실시하기 때문에 블록체인 네트워크 전체를 한꺼번에 동시다발적으로 해킹하지 않는 한 위조가 불가능하다는 특징이 있다고 한다.

(7) 채굴에 대해

이제 블록체인 기술에서 핵심 중의 하나인 채굴에 대해 알아보자.

문: 블록체인 기술에서 채굴 행위에 대해 설명해 주세요.

빙챗: 채굴은 블록체인에서 새로운 블록을 생성하는 과정을 의미합니다. 채굴자는 블록체인 네트워크에서 거래를 검증하고, 검증된 거래를 블록에 추가하여 새로운 블록을 생성합니다. 이 과정에서 채굴자는 일정량의 암호화폐를 보상으로 받습니다. 채굴은 블록체인의 분산 원장에 기록된 거래 내역을 검증하고, 블록체인의 안전성과 신뢰성을 유지하는 데 중요한 역할을 합니다.

챗GPT: (위의 대답이 질문의 목적에 더 부합되므로 챗GPT의 답은 생략)

채굴에 대해서 두 챗봇 모두 비슷한 설명을 하고 있는데 역시 챗GPT의 경우 조금 더 자세한 정보를 주고 있다. 우리의 목적이 채굴 행위의 의미에만 있다면 빙챗의 설명으로도 충분하다. 이에 따르면 채굴이란 블록체인에서 새로운 블록을 생성하는 과정을 의미하는데, 채굴자는 블록체인 네트워크에서 거래를 검증하고, 검증된 거래를 블록에 추가하여 새로운 블록을 생성하게 되는 것이고, 이 과정에서 일정량의 암호화폐가 채굴자에게 보상으로 주어진다고 한다.

4. 블록체인 기술의 활용

이제 블록체인 기술이 실제로 어떻게 쓰일 수 있는지 확인해 보기로 하자.

문: 블록체인을 이용한 기술로 어떤 것이 있는지 설명해 주세요.

> 빙챗: 블록체인 기술은 분산 원장 기술로, 정보를 안전하게 공유하고 거래를 기록하는 기술입니다. 블록체인 기술은 암호화폐뿐만 아니라 은행, 결제 및 이체, 의료, 법 집행, 투표, IoT(Internet of Things), 온라인 음악 등 다양한 분야에서 활용됩니다. 블록체인 기술을 이용한 대표적인 사례로는 장외 주식거래 주주명부 관리, 식품 원산지 추적, 보험금 청구, 의약품 관리 및 추적, 청산 결제, 온라인 중고 거래 플랫폼, 무역, 건강 여권 등이 있습니다.
>
> 챗GPT: 블록체인은 분산형 장부 기술로, 거래 내역을 일관성 있게 기록하고

검증하는 기술입니다. 이 기술은 거래의 안정성과 신뢰성을 높이기 위해 사용되며, 다양한 분야에서 활용되고 있습니다. 다음은 블록체인을 이용한 기술 중 몇 가지 예시입니다.

1. 가상화폐: 가장 잘 알려진 블록체인 기술 중 하나는 비트코인과 같은 가상화폐입니다. 블록체인을 이용하여 거래 내역을 안전하게 기록하고, 중복 사용을 방지하며, 거래의 투명성을 보장합니다.

2. 스마트 계약: 블록체인은 스마트 계약이라고 하는 자동화된 계약 체결 시스템을 구현하는 데도 사용됩니다. 이를 통해 거래 당사자는 조건을 충족하면 자동으로 계약이 실행되고 결과를 수령할 수 있습니다.

3. 거래 추적: 블록체인을 이용하여 거래 추적 시스템을 구현할 수 있습니다. 이를 통해 제품의 원산지 및 유통 과정을 추적할 수 있어 제품의 안전성과 신뢰성을 높일 수 있습니다.

4. 디지털 ID: 블록체인을 이용하여 디지털 ID 시스템을 구현할 수 있습니다. 이를 통해 개인의 정보를 안전하게 저장하고, 인증 및 검증에 사용할 수 있습니다.

5. 의료 기록: 블록체인을 이용하여 의료 기록을 안전하게 저장하고 관리할 수 있습니다. 이를 통해 환자의 의료 기록이 무단으로 변경되지 않으며, 의료진 간의 정보 공유가 원활해집니다.

위와 같은 방식으로 블록체인은 다양한 분야에서 사용될 수 있습니다. 블록체인 기술은 계속 발전하고 있으며, 미래에는 더 많은 분야에서 활용될 것으로 기대됩니다.

두 챗봇의 설명을 종합하자면 블록체인 기술의 대명사는 역시 암호화폐라고 할 수 있다고 한다. 여기에 더해 다양한 분야에서 블록체인 기술이 쓰일 수 있는데, 예를 들면 장외 주식거래, 주주명부 관리, 식품 원산지 추적, 보험금 청구, 의약품 관리 및 추적 등 금융시장, 유통시장, 의료시장을 가리지 않고 블록체인 기술이 유용하게 쓰일 수 있다고 한다.

5. 암호화폐

블록체인의 쓰임새가 다양하다고는 하지만, 블록체인 하면 뭐니 뭐니 해도 암호화폐와 불가분의 관계이므로, 우리는 암호화폐에 대해서 집중적으로 알아볼 필요가 있겠다.

(1) 암호화폐란?

문: 암호화폐가 무엇인지 설명해 주세요.

> 빙챗: 암호화폐는 블록체인 기술을 이용하여 만들어진 디지털 자산으로, 분산 장부에서 공개키 암호화를 통해 안전하게 전송하고, 해시 함수를 이용해 쉽게 소유권을 증명해 낼 수 있는 디지털 자산입니다. 암호화폐는 달러($)나 원화(₩)와 같은 실물화폐와 달리 화폐를 발행하는 중앙은행 없이 전 세계 인터넷 네트워크에 P2P 방식으로 분산 저장되어 운영됩니다. 암호화폐는 블록체인 기술로 암호화되어 분산 발행되고 일정한

네트워크에서 화폐로 사용할 수 있는 전자정보입니다. 암호화폐는 중앙은행이 발행하지 않고 블록체인 기술에 기초하여 금전적 가치가 디지털 방식으로 표시된 전자정보로서, 거래의 안전성은 블록체인 기술의 분산 원장에 의해 보장됩니다.

챗GPT: 암호화폐(Cryptocurrency)는 디지털 자산의 한 형태로, 분산 원장 기술인 블록체인을 이용해 거래 내역을 기록하고, 안전하게 보호하는 디지털 화폐입니다.

암호화폐는 중앙 기관이나 정부와 같은 중개인 없이 거래가 이루어지므로, 일종의 탈중앙화된 화폐입니다. 블록체인 기술을 통해 거래 내역이 공개되어 거래의 신뢰성과 투명성을 보장하며, 안전한 거래를 위해 암호화 기술이 사용됩니다.

가장 잘 알려진 암호화폐 중 하나는 비트코인(Bitcoin)이며, 2009년에 등장하여 암호화폐 시장을 이끌고 있습니다. 비트코인을 비롯한 다른 암호화폐들은 블록체인 기술을 바탕으로 하지만, 각각의 암호화폐는 고유한 특징과 목적을 가지고 있습니다.

암호화폐는 높은 익명성과 자율성, 신속한 거래 처리 등의 장점이 있지만, 보안 문제나 시장 변동성 등의 문제점도 존재합니다. 따라서, 암호화폐에 대한 이해와 주의가 필요합니다.

두 챗봇 모두 나름대로 가치 있는 의견을 제시했는데, 이들의 설명에 따르면 암호화폐(Cryptocurrency)는 블록체인 기술을 이용해 거래 내역을 기록하고 암호화하여 저장된 디지털 화폐의 일종이다. 암호화폐는 분산 원장 기술을 활용했기 때문에 탈중앙화된 화폐로, 블록체인 기술을 통해 거래의 신뢰성과 투명성이 보장되며, 암호화 기술은 거래의 안전성을 높일 수 있는데 두 챗봇 모두 이 부분을 정확히 지적했다.

그림 4-5: 암호화폐의 대명사는 역시 비트코인이다

(2) 암호화폐와 가상화폐의 차이

한편 우리는 가상화폐라는 말도 많이 들어봤는데 암호화폐와 가상화폐는 어떻게 다른지 알아보자.

문: 가상화폐가 무엇인지 설명해 주세요.

빙챗: 가상화폐는 지폐나 동전과 같은 실물 없이 네트워크로 연결된 특정한 가상공간에서 전자적 형태로 사용되는 디지털 화폐 또는 전자화폐를 말합니

다. 암호화 기술을 사용하여 만들어진 디지털 자산으로, 분산 장부에서 공개키 암호화를 통해 안전하게 전송하고, 해시 함수를 이용해 쉽게 소유권을 증명해 낼 수 있는 디지털 자산입니다. 암호화폐는 가상화폐의 일종으로, 지폐나 동전과 같은 실물 없이 네트워크로 연결된 특정한 가상공간에서 전자적 형태로 사용되는 디지털 화폐 또는 전자화폐입니다.

챗GPT: (암호화폐의 정의를 물었을 때와 같은 대답을 함)

챗GPT의 경우 암호화폐와 가상화폐를 구별하지 못하고 같은 답을 하고 있다. 빙챗은 그나마 일부 정확한 설명을 하고 있는데 바로 암호화폐가 가상화폐의 일종이라는 것이다. 결론적으로 두 챗봇의 대답이 모두 충분하지 못하다.

이제 다시 두 화폐의 차이점에 대한 질문을 해서 두 화폐가 어떻게 다른지 정확하게 알아봐야겠다.

문: 암호화폐와 가상화폐의 차이점에 대해 알려 주세요.

빙챗: 암호화폐와 가상화폐는 비슷한 개념이지만 약간의 차이가 있습니다. 가상화폐는 실체가 없는 화폐로, 암호화를 할 정도로 가치가 높은 가상화폐에 대해서 암호화폐라고 부릅니다. 반면 암호화폐는 블록체인 기술을 기반으로 한 화폐로서 기존 화폐와는 달리 중앙은행 같은 발행기관이 존재하지 않습니다.

챗GPT: 암호화폐와 가상화폐는 비슷한 개념으로 생각될 수 있지만, 암호화폐는 블록체인 기술을 기반으로 하며, 거래 내역을 안전하게 보호하기 위해 암호화 기술을 사용합니다. 반면, 가상화폐는 보안성이 낮거나 블록체인 기술을 사용하지 않을 수도 있습니다.

따라서, 암호화폐는 보안성이 더 높고 신뢰성이 높은 디지털 화폐로, 거래가 블록체인상에서 기록되어 투명하게 관리됩니다. 비트코인이 대표적인 암호화폐입니다.

한편, 가상화폐는 암호화 기술을 사용하여 거래를 보호하지만, 블록체인 기술을 사용하지 않거나, 블록체인 기술을 사용하여 거래 내역을 기록하더라도 암호화폐보다 보안성이 낮은 경우도 있습니다. 따라서, 가상화폐는 비교적 보안성이 떨어지는 경우가 많으며, 거래의 투명성이 보장되지 않을 수 있습니다.

요약하면, 암호화폐는 블록체인 기술을 기반으로 하며, 거래의 투명성과 보안성이 높습니다. 반면, 가상화폐는 암호화 기술을 사용하여 거래를 보호하지만, 보안성이 낮거나 블록체인 기술을 사용하지 않을 수도 있습니다.

이번에는 오히려 챗GPT의 설명이 더 정확해졌다. 이에 따르면 암호화폐는 블록체인 기술과 암호화 기술을 모두 사용한 디지털 화폐이고 가상화폐는 블록체인 기술과 암호화 기술 모두 사용하지 않거나 일부의 암호화 기술만 사용된 디지털 화폐라는 것이다. 여기서 우리는 이제부터 비트코인 등에 대해 암호화폐라 불러야 정확한 표현이고, 가상화폐라 부르는 것은 사실상 틀린 표현이라는 것을 알 수가 있겠다.

그림 4-6: 'Cryptocurrency'의 정확한 번역은 가상화폐가 아니고 암호화폐이다

(3) 암호화폐의 종류

이제 암호화폐의 종류에 대해 알아보자.

문: 암호화폐의 종류에 대해 알려 주세요.

빙챗: 암호화폐 종류는 매우 다양합니다. 대표적인 암호화폐로는 비트코인, 이더리움, 리플, 비트코인 캐시, 이오스 등이 있습니다. 암호화폐는 크게 지불형 코인, 플랫폼 코인, 스테이블 코인, 유틸리티 토큰, 증권형 토큰 등으로 분류됩니다.

챗GPT: 암호화폐의 종류는 수백 가지에 이르며, 각각의 특징과 용도가 다릅니다. 그중 대표적인 암호화폐는 다음과 같습니다.

　1. 비트코인(Bitcoin)

2. 이더리움(Ethereum)

3. 라이트코인(Litecoin)

4. 비트코인 캐시(Bitcoin Cash)

5. 테더(Tether)

6. 바이낸스 코인(Binance Coin)

7. 리플(Ripple)

8. 체인링크(Chainlink)

9. 폴카닷(Polkadot)

10. 도지코인(Dogecoin)

비트코인은 가장 대표적인 암호화폐로, 거래량과 시가총액이 가장 큽니다. 이더리움은 애플리케이션 개발에 중점을 둔 암호화폐로, 스마트 콘트랙트를 구현할 수 있는 기능이 있습니다. (이하 생략)

두 챗봇 모두 암호화폐의 종류에 대해 유용한 지식을 쏟아 내었다. 그중에서 챗GPT는 개별적인 암호화폐들을 소개하고 있으며, 빙챗은 플랫폼 코인, 스테이블 코인, 유틸리티 토큰, 증권형 토큰 등 암호화폐를 유형별로 분류해 주고 있다.

① 비트코인

우리는 챗GPT의 설명을 따라 대표적인 암호화폐 세 개를 먼저 알아보고 나서, 이후에 빙챗의 의견을 수용하여 암호화폐를 유형별로 분류해 보기로 하겠다.

문: 비트코인이 무엇인지 알려 주세요.

빙챗: 비트코인은 블록체인 기술을 기반으로 만들어진 온라인 암호화폐입니다. 비트코인의 화폐 단위는 BTC로 표시합니다. 비트코인은 중앙은행이 없이 전 세계적 범위에서 P2P 방식으로 개인들 간에 거래가 이루어지며, 거래의 관리와 발행은 네트워크에 의해 공동으로 이루어집니다. 비트코인은 블록체인 기술을 사용하여 거래 내역을 분산 저장하고, 이를 통해 거래의 신뢰성과 안정성을 보장합니다.

챗GPT: 비트코인(Bitcoin)은 2008년 세계 금융 위기 이후 발표된 최초의 분산 원장 기술인 블록체인(Blockchain) 기반의 디지털 화폐입니다. 비트코인은 중앙 기관이나 정부와 같은 제 3자의 개입 없이 개인 간에 전송되고 보관될 수 있습니다. (이하 생략)

사실 암호화폐의 역사는 비트코인의 역사라 해도 과언이 아니겠다. 두 챗봇은 비트코인에 대해 성실한 답변을 하였는데 이를 요약하자면 다음과 같다. 비트코인은 분산 원장 기술인 블록체인 기반의 최초의 디지털 화폐로 화폐 단위는 BTC로 표시한다. 비트코인은 또한 제 3자의 개입 없이 개인 간에(P2P) 전송되고 보관될 수 있으며, 기존의 디지털 화폐와는 달리 실제 금융 시스템에서 사용되는 기존의 통화처럼 사용될 수 있다. 즉, 송금, 결제, 자산 보유 등 다양한 용도로 사용될 수 있는 것이다. 이는 가히 기존 통화로 유지되던 금융 체제에 혁명적 성과를 가져왔다고 볼 수 있다.

사진 4-1: 비트코인은 3자 개입 없이 개인 간의 전송으로 거래가 이루어질 수 있다

② 이더리움

이제 비트코인의 단점을 극복한 이더리움에 대해 알아보자.

문: 이더리움이 무엇인지 알려 주세요.

빙챗: 이더리움(Ethereum)은 블록체인 기술을 기반으로 스마트 계약 기능을
구현하기 위한 분산 컴퓨팅 플랫폼이자 플랫폼의 자체 통화명입니다.
이더리움이 제공하는 이더(Ether)는 비트코인과 마찬가지로 암호화폐
의 일종으로 거래되고 있습니다.

챗GPT: 이더리움(Ethereum)은 분산 원장 기술인 블록체인을 기반으로 하는
탈중앙화 플랫폼입니다. 이더리움은 프로그래밍 가능한 스마트 콘트
랙트 기술을 통해 다양한 분산 애플리케이션(DApp)을 개발할 수 있
습니다. 이더리움은 비트코인과 마찬가지로 암호화폐이며, 그 가치는

이더(ETH)로 측정됩니다.

이더리움은 탈중앙화된 애플리케이션을 개발하기 위한 블록체인 기반 플랫폼으로, 스마트 콘트랙트를 통해 복잡한 계약을 자동화하고 분산화된 애플리케이션을 구현할 수 있습니다. 이더리움 블록체인은 비트코인 블록체인과는 다르게 블록 생성 시간이 15초로 빠르며, 블록 크기도 비트코인보다 큽니다.

또한 이더리움은 탈중앙화된 애플리케이션 개발을 위한 스마트 콘트랙트 기술을 제공합니다. 스마트 콘트랙트는 블록체인상에 코드로 작성된 계약서로, 프로그래밍 가능하며, 자동화된 조건에 따라 실행됩니다. 이를 통해 보안성과 신뢰성이 높은 분산 애플리케이션을 개발할 수 있습니다.

이더리움은 탈중앙화된 애플리케이션 개발과 암호화폐 거래를 위한 플랫폼으로, 다양한 블록체인 기반 서비스와 앱 개발에 활용됩니다. 또한 이더리움 생태계는 지속적으로 성장하며, 기술적 발전과 함께 더 많은 개발자와 기업이 참여하고 있습니다.

빙챗에 따르면 이더리움(Ethereum)은 블록체인 기술을 바탕으로 스마트 계약 기능을 구현하는 플랫폼이며 동시에 그 플랫폼의 자체 암호화폐로 이더(Ether)는 비트코인처럼 활발하게 거래되고 있다. 챗GPT에 따르면 이더리움은 암호화폐로서의 정체성 이전에 탈중앙화된 애플리케이션을 개발하기 위한 목적의 플랫폼으로의 성격이 더 부각된다는 것이다. 따라서 이더리움은 스마트 콘트랙트를 통해 복잡한 계약을 자동화하고 분산화된 애플리케이션을 구현할 수 있다고 하였는데 이것은 이더리움의 장점을 정확하게 짚은 것이다. 또한 이더리움의 경우 비트코인에 비해 블록 생성 시간이 15초로 빠른 장점이 있는 점도 제대로 지적하였다.

그림 4-7: 이더리움은 프로그래머인 비탈릭
부테린(Vitalik Buterin)이 만들었다

1) 비트코인과 이더리움의 차이점

앞에서 이미 나온 바 있지만 비트코인과 이더리움의 차이점에 대해서 한 번 더 확인해 보자.

문: 비트코인과 이더리움의 차이점에 대해 알려 주세요.

빙챗: 비트코인과 이더리움은 모두 블록체인 기술을 사용하는 암호화폐입니다. 하지만 비트코인은 거래 기록을 추적하는 것에 그 목적이 있으며, 이더리움은 스마트 계약 기능을 구현하기 위한 분산 컴퓨팅 플랫폼입니다. 이더리움은 비트코인과 달리 프로그래밍이 가능한 블록체인으로, 해당 화폐를 가지고 투자하고, 사용하고, 저장할 수 있습니다. 또한

이더리움은 댑(DApp)을 만들 수 있는 기술을 제공합니다.

챗GPT: 비트코인과 이더리움은 모두 블록체인 기술을 기반으로 하고 있지만 몇 가지 차이점이 있습니다.

1. 채굴 알고리즘

비트코인은 SHA-256 알고리즘을 이용한 증명(PoW) 방식으로 채굴되고, 이더리움은 Ethash 알고리즘을 이용한 증명(PoW) 방식으로 채굴됩니다. Ethash 알고리즘은 메모리 하드 증명(Memory Hard Proof of Work) 방식을 채용하여 채굴에 필요한 메모리 용량을 높여 ASIC 칩의 채굴을 어렵게 만듭니다.

2. 블록 생성 시간

비트코인은 10분에 한 번씩 블록이 생성되지만, 이더리움은 15초에 한 번씩 블록이 생성됩니다. 이더리움은 비트코인보다 빠른 블록 생성 시간을 가지고 있어서 거래 처리 속도가 빠릅니다.

3. 코인의 용도

비트코인은 주로 디지털 화폐로 사용되며, 결제 수단으로 활용됩니다. 이에 반해 이더리움은 블록체인 기반 스마트 콘트랙트를 실행하기 위한 가상 통화인 이더(ETH)를 사용합니다. 이더는 이더리움 블록체인에서 스마트 콘트랙트를 실행하기 위한 수수료로도 사용됩니다.

4. 스마트 콘트랙트

이더리움은 스마트 콘트랙트를 실행하기 위한 블록체인 기반 플랫폼으로 개발되었습니다. 이에 반해 비트코인은 거래 기록을 기반으로 하는 단순한 디지털 화폐입니다. 따라서 이더리움은 스마트 콘트랙트를 실행할 수 있어서 분산 애플리케이션(DApp)을 개발하는 데에 더욱 적합합니다.

5. 블록체인 크기

이더리움은 블록체인 크기가 비트코인에 비해 상대적으로 더 큽니다.
이는 이더리움에서 사용되는 스마트 콘트랙트 코드의 복잡성 때문
인데, 이로 인해 블록체인의 성능에도 영향을 미칩니다.

빙챗과 챗GPT 모두 나름대로 두 화폐의 차이점에 대해서 설명을 잘하
고 있다. 즉, 빙챗이 설명하고 있듯이 비트코인은 거래 자체에 큰 목적이
있는 암호화폐이고, 이더리움은 암호화폐로서의 기능도 있지만, 비트코
인에는 없는 스마트 계약의 기능을 통해 댑(DApp)을 만들 수 있는 기술
을 제공하는 데 큰 차이점이 있다. 아울러 두 암호화폐는 채굴 방식에서
차이점이 있으며, 블록의 크기에도 차이가 있다. 또한 챗GPT의 답에서도
알 수 있듯이 비트코인에 비해 이더리움이 거래 처리 속도가 빠른데, 이
는 앞에서 이미 한 번 부각시킨 것처럼 이더리움의 큰 장점이라 하겠다.

그림 4-8: 이더리움은 비트코인에 비해 속도가 현저히 빠르다

2) 스마트 콘트랙트

반복되어서 나오는 스마트 콘트랙트라는 용어의 개념에 대해 확실히 해 둬야 될 필요가 있겠다.

문: 이더리움의 스마트 콘트랙트가 무엇인지 알려 주세요.

빙챗: 이더리움은 블록체인 기술을 기반으로 한 암호화폐입니다. 이더리움의 스마트 콘트랙트는 이더리움의 대표적인 기능 중 하나로, 사람의 손을 거치지 않고 계약 내용을 자동으로 실행하는 시스템입니다. 이더리움에서 스마트 콘트랙트는 이더리움 어카운트의 상태를 변경할 수 있는 프로그램 코드로서 이더리움 P2P 네트워크상에 배포되어 블록체인 내에 상태 정보로 존재하고, 이더리움 가상 머신(EVM)에서 작동되어 상태전이를 유발합니다.

챗GPT: 스마트 콘트랙트는 블록체인에서 실행되는 자동화된 계약이며, 계약 조건에 따라 자동으로 거래가 이루어집니다. 이더리움은 분산 컴퓨팅 기술을 이용하여 스마트 콘트랙트를 구현하였습니다.

이더리움의 스마트 콘트랙트는 프로그램 코드로 작성됩니다. 스마트 콘트랙트가 실행되면 블록체인상에 거래 내역이 기록되고, 계약 조건이 충족되면 자동으로 거래가 이루어집니다. 예를 들어, A와 B 사이에 어떤 계약 조건이 있을 때, 이 조건이 충족되면 자동으로 A에서 B로 돈이 이체되는 것입니다. (이하 생략)

두 챗봇의 적절한 설명에 따르면 스마트 콘트랙트는 프로그래밍의 일종으로 블록체인에서 실행되는 자동화된 계약을 유도한다고 한다. 즉, 계약 조건을 프로그래밍으로 지정하면 자동으로 거래가 이루어진다는 것이다. 따라서 이더리움의 스마트 콘트랙트는 프로그램 코드로 이루어 졌는데, 예를 들자면 스마트 콘트랙트 프로그램이 A와 B 사이에 어떤 계약 조건을 전제로 한다고 할 때, 이 조건이 충족될 경우 A에서 B로(혹은 그 반대로) 돈이 자동으로 이체되도록 할 수 있다는 것이다.

3) 댑

DApp이라는 용어도 반복적으로 출현하고 있는데 이 개념에 대해서도 확인해 보자.

문: 이더리움의 DApp에 대해 알려 주세요.

> 빙챗: DApp은 이더리움과 같은 블록체인 기술을 기반으로 작동하는 탈중앙화된 애플리케이션입니다. 이더리움은 블록체인 기술을 기반으로 대금 결제와 모든 종류의 계약을 처리하는 스마트 계약 기능을 구현한 플랫폼입니다. (이하 생략)
>
> 챗GPT: DApp은 분산화된 애플리케이션으로, 블록체인 위에서 작동합니다. 이더리움은 분산화된 애플리케이션을 개발하기 위한 환경을 제공하고 있습니다.
>
> 이더리움의 DApp은 이더리움 블록체인과 상호작용하며, 이더리움의 스마트 콘트랙트를 활용합니다. DApp은 블록체인에서 실행되기 때문에, 블록체인의 장점인 불변성, 탈중앙화, 보안성 등을 활용할 수

있습니다. 이더리움의 DApp은 다양한 분야에서 활용됩니다. 예를 들어, 분산화된 금융 서비스, 게임, 소셜 미디어, 예술 등 다양한 분야에서 사용됩니다. 이더리움의 DApp은 기존 중앙 집중형 서비스보다 더 높은 보안성과 투명성을 제공할 수 있으며, 블록체인 기술의 발전과 함께 더 많은 분야에서 사용될 것으로 예상됩니다. (이하 생략)

그림 4-9: 이더리움은 댑을 제공하여 다양한 기능을 장착할 수 있는 플랫폼 코인이다

두 챗봇의 해설에 등장하지 않지만 이더리움의 DApp은 댑 혹은 디앱이라고 읽으며 'Decentralized Application'의 약자이다. 댑은 탈중앙화 분산 애플리케이션으로 번역될 수 있으며, 이 용어 자체가 설명하듯이 DApp은 블록체인 기술로 작동하는 애플리케이션이라고 보면 된다. 챗GPT에 따르면, 이더리움의 댑은 스마트 콘트랙트를 활용하여 이더리움 블록체인 안에서 작동하게 되어 있는데, 따라서 블록체인의 장점인 불변성, 탈중앙화, 보안성 등을 활용하여 분산화된 금융 서비스, 게임, 소셜 미디어, 예술품 등 다양한 분야에서 활용된다고 한다.

③ 리플
이제 다른 암호화폐인 리플에 대해 알아보기로 하자.

문: 리플에 대해 알려 주세요.

빙챗: 리플은 은행 간 송금 체계를 대체할 목적으로 리플사(Ripple Labs, Inc.)가 발행한 가상 자산입니다. 리플은 은행 간 송금 시스템을 개선하고 빠르게 처리할 수 있도록 하기 위해 개발되었습니다. 리플은 은행과 금융기관들이 사용하는 금융 기술인 블록체인 기술을 활용하여 송금 시스템을 구축하고 있습니다. 리플은 XRP라는 이름의 가상화폐를 사용합니다.

챗GPT: 리플(Ripple)은 글로벌 결제 및 환전 시스템을 위한 블록체인 기술 기반의 플랫폼입니다. 2012년에 개발되었으며, 미국 캘리포니아주에 본사를 두고 있습니다.

리플의 가장 큰 특징은 실시간 국제 송금 서비스를 제공한다는 것입니다. 전통적인 국제 송금 서비스는 수수료가 높고 송금 시간이 오래 걸리는 문제점이 있습니다. 이에 비해 리플은 거의 실시간으로 국제 송금이 가능하며, 수수료도 상대적으로 저렴합니다.

리플은 자체적으로 암호화폐인 XRP를 운영하고 있습니다. XRP는 리플의 플랫폼에서 사용되는 디지털 자산으로, 전 세계 은행과 금융기관에서 사용될 수 있습니다.

리플의 기술적 특징으로는, 고유한 암호화 기술인 Consensus Algorithm을 사용한다는 것이 있습니다. 이 기술은 블록체인 기술에서 가장 중요한 요소 중 하나인 합의 알고리즘을 대체하는 기술로, 보다 빠른 처리 속도와 높은 확장성을 제공합니다.

리플은 글로벌 결제 시장에서 큰 성장 가능성을 가진 기업으로 평가되며, 현재까지 전 세계 수많은 은행 및 금융기관과 제휴를 맺고 있습니다.

두 챗봇의 설명 모두 리플에 대해 정확한 정보를 제공하고 있다. 이에 따르면 리플(Ripple)은 2012년에 글로벌 결제 및 환전 시스템을 위한 블록체인 기술 기반의 플랫폼이다. 또한 리플은 자체적으로 암호화폐인 XRP를 운영하고 있는데 XRP는 리플의 플랫폼에서 사용되는 디지털 자산으로, 전 세계 은행과 금융기관에서 사용될 수 있다. 또한 챗GPT에 따르면 리플의 가장 큰 특징은 실시간 국제 송금 서비스를 제공한다는 것인데, 전통적인 국제 송금 서비스는 수수료가 높고 송금 시간이 오래 걸리는 문제점이 있는 데 반해, 리플은 거의 실시간으로 국제 송금이 가능하며 수수료도 저렴한 점을 정확히 지적하고 있다.

그림 4-10: 리플은 은행 간의 송금에 특화된 암호화폐이다

(4) 플랫폼 코인

개별적인 암호화폐에 대한 탐색은 이 정도에서 마치고 이제 유형별로 암호화폐에 대해 접근해 보자. 우선 이더리움 등의 플랫폼 코인은 어떤 개념인지 알아보자.

문: 암호화폐 중에서 플랫폼 코인에 대해 알려 주세요.

빙챗: 플랫폼 코인은 다양한 서비스와 토큰에서 사용하는 공통된 기능을 모아서 제공하는 플랫폼에서 사용되는 암호화폐입니다. 이더리움과 솔라나가 대표적인 플랫폼 코인입니다. 플랫폼 코인 위에 다양한 서비스에서 사용하기 위한 탈중앙 분산형 응용 프로그램인 디앱(DApp)을 만들 수 있습니다.

챗GPT: 플랫폼 코인(Platform Coin)은 블록체인 기술을 기반으로 한 플랫폼에서 사용되는 암호화폐입니다. 이러한 플랫폼은 분산 애플리케이션(DApp) 개발을 위한 환경을 제공하며, 이를 위해 스마트 콘트랙트를 사용하여 다양한 기능을 구현할 수 있습니다.

가장 대표적인 플랫폼 코인으로는 이더리움(ETH)이 있습니다. (중략) 그 외에도 네오(NEO), 이오스(EOS), 카르다노(ADA), 테조스(Tezos) 등 다양한 플랫폼 코인이 존재합니다. (이하 생략)

두 챗봇이 모두 정확히 제시했듯이 플랫폼 코인(Platform Coin)은 말 그대로 (블록체인 기술을 기반으로 한) 플랫폼에서 사용되는 암호화폐다. 챗GPT에 따르면 이러한 플랫폼은 분산 애플리케이션(DApp) 개발을 위한 환경을 제공하게 되는데, 스마트 콘트랙트를 사용하여 다양한 기능의 댑을 양산해 낼 수 있다고 하며, 대표적인 플랫폼 코인으로는 역시 이더리움을 내세우고 있다. 결론적으로 플랫폼 코인은 플랫폼이라는 한 생태계를 지탱하는 핵심 역할을 수행하도록 설계되어 있다는 것을 알 수 있다.

(5) 스테이블 코인

이제 스테이블 코인에 대해 알아볼 차례이다.

문: 스테이블 코인에 대해 알려 주세요.

빙챗: 스테이블 코인은 가격이 안정적으로 유지되는 암호화폐입니다. 법정화폐 또는 실물자산과 연동되거나, 알고리즘에 의해 공급량이 조정되는 방식으로 가격 안정성을 보장합니다. 스테이블 코인은 법정화폐 담보형, 암호 자산 담보형, 무담보형 등 3가지 종류로 구분됩니다. 스테이블 코인은 가격 변동성이 낮아서 거래소에서 거래하기 용이하며, 암호화폐 시장에서 안정적인 가치를 유지하고 싶은 투자자들에게 인기가 있습니다. 스테이블 코인의 대표적인 종류로는 USDT(Tether), BUSD(Binance USD), DAI 등이 있습니다.

챗GPT: 스테이블 코인(Stablecoin)은 가치 안정성을 유지하기 위해 다른 자산과 연동되거나 자체적으로 가치 안정화 메커니즘을 가지고 있는 암호화폐입니다. 일반적으로 달러, 유로 등의 통화와 연동되어 있으며, 가치 안정성을 유지하기 위해 암호화폐 시장의 변동성에 대한 보호장치를 갖추고 있습니다.

스테이블 코인은 암호화폐 시장에서 가치 안정성을 보장하기 위한 수단으로 사용되며, 다양한 분야에서 활용되고 있습니다. 예를 들어, 가치 안정성을 유지하는 스테이블 코인은 송금이나 결제 시에 안정적인 수단으로 사용될 수 있습니다. 또한, 스테이블 코인을 이용하여 암호화폐 시장의 변동성에 대한 대응을 할 수 있으며, 스마트 콘트랙트를 이용한 금융 상품 개발에도 사용될 수 있습니다.

스테이블 코인 중에서는 대표적으로 Tether(USDT), USD Coin(US-DC), Dai(DAI), TrueUSD(TUSD) 등이 있습니다. (이하 생략)

스테이블 코인에 대해 두 챗봇이 충분한 설명을 해 주고 있다. 이에 따르면, 스테이블 코인(Stablecoin)은 가치 안정성 유지를 목적으로 다른 자산과 연동시키거나 자체적으로 가치 안정화 메커니즘을 작동시키고 있는 암호화폐라고 한다. 챗GPT에 따르면 스테이블 코인이 대개 달러 등의 통화와 연동되어 있으며, 가치 안정성을 유지하기 위해 정교한 알고리즘에 의해 공급량을 조정하는 방식으로 암호화폐 시장의 변동성에 대한 보호장치를 갖추고 있다고 한다. 또한 스테이블 코인 중에서는 대표적으로 Tether(USDT), USD Coin(USDC), Dai(DAI), TrueUSD(TUSD) 등이 있다고 한다.

그림 4-11: 스테이블 코인의 대표는 USDT이다

① 스테이블 코인의 단점

사실 스테이블 코인은 가치의 안정화 프로그램으로 인한 변동성이 적은 장점 때문에 크게 각광을 받고 있지만 2022년 테라/루나 사태처럼 자체 프로그램이 오작동을 하게 되면 궤멸적 손실이 우려될 수 있는 큰 단점이 있기도 하다. 스테이블 코인의 단점에 대해 집중적으로 알아보자.

문: 스테이블 코인의 단점에 대해 알려 주세요.

빙챗: 스테이블 코인의 단점으로는 대부분의 스테이블 코인은 원화 가치보다는 달러 가치로 보장을 하기 때문에 달러 환율의 변동에 따라 약간의 손실을 볼 수 있는 점이 있습니다. 또한, 스테이블 코인은 실물자산의 가치 폭등으로 인해 금액이 동반 상승할 수 있다는 문제점이 있습니다. 이러한 문제점들을 고려하여 스테이블 코인을 고려하시는 것이 좋습니다.

챗GPT: 스테이블 코인에는 몇 가지 단점이 있습니다.

첫째, 스테이블 코인의 가치 안정성은 연동된 자산의 안정성에 의존합니다. 따라서 연동된 자산에 문제가 생기면 스테이블 코인의 가치 안정성이 보장되지 않을 수 있습니다.

둘째, 스테이블 코인 발행 업체가 자금을 안전하게 보관하고 운용하는 것이 매우 중요합니다. 발행 업체가 파산하거나 부도 등의 문제가 발생할 경우, 스테이블 코인 사용자들의 자산이 위험에 노출될 수 있습니다.

셋째, 스테이블 코인은 보통 중앙화된 시스템에서 발행되기 때문에, 분권화된 블록체인의 철학과는 거리가 있습니다. 중앙화된 발행 업체는 발행된 스테이블 코인의 발행량과 연동된 자산의 수를 직접 관리할 수 있으므로, 사용자들의 신뢰를 얻기 위해서는 발행 업체가 투명하게 운용되어야 합니다.

마지막으로, 일부 스테이블 코인은 연동된 자산이 확보되지 않을 수도 있습니다. 이 경우, 스테이블 코인은 실제로 자산과 연동되어 있지 않으며, 가치 안정성이 보장되지 않을 수 있습니다. (이하 결론 생략)

두 챗봇의 설명을 종합하면 우리가 원하는 답이 나온다. 스테이블 코인의 가장 큰 문제점은 역시 연동된 자산과의 관계에 있다. 따라서 연동된 자산에 문제가 생기면 스테이블 코인의 가치 안정성이 보장되지 않을 수 있는데, 특히 일부 스테이블 코인은 연동된 자산이 확보되지 못했지만 확보된 것처럼 운영 주체가 거짓말을 할 수 있다는 것이다.

② 테라/루나 사태의 원인

이제 테라/루나 사태가 생긴 이유에 대해 탐문해 보자.

문: 테라와 루나 코인이 2022년에 투자자들에게 큰 손실을 입힌 이유에 대해 알려 주세요.

빙챗: 테라와 루나 코인이 2022년에 투자자들에게 큰 손실을 입힌 이유는 테라의 급락에서 시작됐습니다. 테라 시세가 1달러 밑으로 떨어지면서 자매 코인인 루나가 급락하고 다시 두 코인의 가격 하락을 촉발하는 악순환 현상에 빠져든 것이 원인입니다. 이 현상은 '죽음의 소용돌이 현상'이라고도 불리며, 테라는 테더나 USDC 등 다른 스테이블 코인과 달리 안정적인 가치를 유지하지 못했습니다.

테라폼랩스 대표로 추정되는 권도형 인물이 몬테네그로에서 체포됐다는 보도도 있습니다. 이 사건은 전 세계 투자자들이 큰 손실을 입은 사건으로 금융·증권범죄 합동수사단이 첫 수사 대상으로도 삼았습니다.

챗GPT: 2022년에 테라(Terra)와 루나(Luna) 코인이 투자자들에게 큰 손실을 입힌 것은 두 코인 모두 거품(Bubble) 현상이 일어났기 때문입니다. 거품 현상이란 투자 대상이 현재 가치보다 과대평가되어 있어 실제

가치보다 더 높은 가격으로 거래되는 현상을 의미합니다. 거품 현상
이 발생하면 일정 수준 이상의 가격 하락이 발생하면서 투자자들에
게 큰 손실을 입히게 됩니다. (이하 생략)

    테라/루나 사태에 대한 빙챗의 설명은 피상적인 개념어의 나열에 그치고 있고, 챗GPT의 경우에도 사태의 본질에는 접근하지 못한 채 거품 현상이라는 애매한 단어로 설명하고 있는데, 이는 챗GPT 3.5의 경우 2021년 9월까지의 지식만을 운영 대상으로 하고 있기 때문일 가능성이 높다. 따라서 테라/루나 사태 같은 가장 최근에 일어난 사건은 챗GPT의 직접적인 도움을 받기 어렵고 테라/루나가 스테이블 코인이라는 개념으로 접근해서 간접적으로 도움받을 수밖에 없을 것 같다.

    실제로 테라/루나 사태는 사실상 폰지 사기와 비슷하다는 지적이 많다. 테라/루나의 운영사는 테라를 달러에 연동시켜 놓고서도 일반 시중은행 금리를 훨씬 초과하는 20%의 예치금리를 제공했는데 이를 떠받칠 방법으로 신규 테라 발행 시 이를 구입해야만 지탱이 되도록 프로그래밍되어 있었다. 이는 전형적인 폰지 사기의 구조와 다를 바가 없었던 것이다. 이로 인해 일단 테라의 가치가 일거에 하락하기 시작하자 테라/루나가 동반적으로 대폭락을 일으키게 되는데 이 같은 사태를 제어할 장치가 전혀 없는 상태에서 다른 암호화폐에까지 대폭락 사태가 동시다발적으로 이루어져 그야말로 대참사가 발생했던 것이다.

그림 4-12: 테라/루나는 폰지 사기와 비슷하
다는 지적이 많다

6. 코인과 토큰

(1) 코인과 토큰의 차이점

이제 코인(암호화폐)과 토큰의 차이점에 대해 알아볼 필요가 있겠다.

문: 코인과 토큰의 차이점에 대해 알려 주세요.

> 빙챗: 코인과 토큰의 차이는 다음과 같습니다. 코인은 독립된 블록체인 네트
> 워크(메인넷)를 소유한 경우 코인으로 부르며, 비트코인(BTC), 이더리움
> (ETH), 퀀텀(QTUM), 스팀(STEEM), 넴(NEM) 등을 들 수 있습니다. 반면,
> 토큰은 독립된 블록체인 네트워크를 소유하지 않은 경우 토큰으로 부르

며, 이오스(EOS), 트론(TRX) 등을 들 수 있습니다. 토큰은 코인과 달리 자체 블록체인 네트워크를 가지고 있지 않으며, 다른 블록체인 네트워크에서 발행되어 사용됩니다.

챗GPT: 코인과 토큰은 블록체인에서 사용되는 디지털 자산의 두 가지 형태입니다.

코인은 블록체인에서 사용되는 기본적인 디지털 화폐를 의미합니다. 즉, 비트코인, 이더리움, 리플 등과 같은 독립적인 블록체인에서 발행되는 디지털 화폐를 말합니다. 이러한 코인들은 자체적인 블록체인 네트워크에서 발행, 유통되며 특정한 목적을 가지지 않고 단순히 디지털 화폐로서의 기능만을 수행합니다.

반면에 토큰은 코인과 달리 다른 블록체인에서 발행되어 기존 블록체인에서 사용되는 코인을 교환하여 사용되는 디지털 자산입니다. 이를테면 이더리움 블록체인에서 발행된 ERC-20 토큰이 있습니다. 이러한 토큰들은 자체적인 블록체인을 가지지 않으며, 이더리움 블록체인에서 실행되는 스마트 콘트랙트 등에 사용되기 위해 발행됩니다.

또한 토큰은 기존의 블록체인에서 발행된 코인을 기반으로 하여 발행되므로, 코인보다 훨씬 쉽게 생성되고 발행될 수 있습니다. 또한 토큰은 기존 블록체인에서 발행된 코인을 기반으로 하여 발행되므로, 기존의 블록체인에서 제공하는 다양한 기능을 이용하여 보다 다양한 서비스를 제공할 수 있다는 장점이 있습니다. 예를 들어, 이더리움 블록체인에서 발행된 ERC-20 토큰은 이더리움 블록체인에서 제공하는 스마트 콘트랙트와 같은 다양한 기능을 활용하여 자체적인 프로젝트를 구현할 수 있습니다.

빙챗과 챗GPT 모두 코인과 토큰에 대해 정확한 설명을 하고 있는데 공통적으로 다음의 사항을 제시하고 있다. 코인은 독립적인 블록체인(비트코인, 이더리움 등) 네트워크를 보유한 암호화폐를 일컫는다. 이에 반해 토큰은 자체적인 블록체인 네트워크 없이 다른 블록체인 네트워크에 의존해 존재하는 경우를 말하는데, 다른 블록체인에 의존한 구조이기 때문에 해당 블록체인 기술의 장단점을 그대로 공유하게 되어 있다.

(2) 증권형 토큰

이제 증권형 토큰에 대해 알아보자.

문: 증권형 토큰에 대해 알려 주세요.

> 빙챗: 증권형 토큰(Security Token)은 주식, 채권, 부동산 등의 실물자산을 블록체인 기반 디지털 자산에 연동하여 그 디지털 자산의 소유권을 취득함으로써 마치 해당 증권의 소유권을 취득한 것과 동일한 효과를 낼 수 있는 디지털 자산입니다. 이는 분산 원장 기술을 활용해 자본시장법상 증권(주식, 채권, 부동산 등)을 디지털화한 것을 의미합니다. 증권형 토큰은 기존 유틸리티 토큰과는 엄연히 다르며, 자산을 토큰화하여 STO를 통해 자금을 조달한 프로젝트들이 있습니다. 증권형 토큰은 미국 SEC(Securities and Exchange Commission)에서 발표한 보도자료에서 "증권형 토큰은 증권이며, 이에 대한 규제는 기존 증권 규제와 동일하게 적용된다"고 밝혔습니다.

챗GPT: 증권형 토큰은 기존의 증권을 블록체인 기술로 대체하는 것을 목적으로 발행되는 토큰입니다. 즉, 이는 기존의 증권 발행 방식에서 블록체인 기술을 적용하여 디지털화된 형태로 발행됩니다.

증권형 토큰은 발행사가 투자자에게 지분을 제공하고 이익을 배분하는 등의 증권적인 특성을 갖고 있으며, 이는 관련 법규에 따라 규제를 받을 수 있습니다. 즉, 증권형 토큰 발행사는 해당 국가의 증권 규제를 준수해야 합니다.

증권형 토큰은 보통 자사의 자산을 기반으로 발행됩니다. 예를 들어 부동산, 골드, 예술품 등의 자산을 기반으로 발행된 증권형 토큰은 해당 자산의 소유권을 토큰 소유자들에게 분산시켜 주는 역할을 합니다. 또한 이러한 증권형 토큰은 거래소에서 쉽게 거래가 가능하며, 거래 과정에서 발생하는 수수료도 상대적으로 낮습니다.

두 챗봇이 증권형 토큰에 대해 충분히 괜찮은 설명을 해 주었다. 즉, 증권형 토큰(STO: Security Token Offering)은 원래의 증권을 블록체인 기술로 대체하기 위해 발행되는 토큰이다. 따라서 증권형 토큰은 투자자에게 지분을 제공하고 이익을 배분하는 등의 증권적인 특성을 갖고 있는 것이다. 또한 증권형 토큰은 대개 부동산, 귀금속, 예술품 등의 자산을 기반으로 발행하여 해당 자산의 소유권을 토큰 소유자들에게 분산시킬 수 있다.

(3) 자산의 토큰화

증권형 토큰에 대한 설명에서 자산을 기반으로 STO가 발행된다는 부분에 대해 더 알아볼 필요가 있겠다. 즉 자산을 토큰화한 것으로 어떤 것이 있는지 빙챗과 챗GPT에게 탐문해 보자.

문: 자산을 토큰화한 것으로 어떤 것이 있는지 알려 주세요.

빙챗: 자산을 토큰화하는 방법은 여러 가지가 있습니다. 블록체인에서 자산을 토큰화하는 경우, 자산의 종류에 따라서 토큰의 종류가 달라질 수 있습니다. 대체로 자산의 종류에 따라서 Tangible, Fungible, Non-fungible 자산으로 나뉩니다. Tangible assets는 실물자산으로 예를 들면 부동산이나 자동차 등이 있습니다. Fungible assets는 서로 대체 가능한 자산으로 예를 들면 화폐나 주식 등이 있습니다. Non-fungible assets는 서로 대체 불가능한 자산으로 예를 들면 예술품이나 게임 아이템 등이 있습니다. 토큰화된 자산은 블록체인에서 거래되며, 이를 통해 자산 거래의 투명성과 효율성을 높일 수 있습니다.

챗GPT: 블록체인 기술을 활용해 자산을 토큰화한 사례로는 다음과 같은 것들이 있습니다.

1. 부동산 토큰화: 부동산을 토큰화하여 부동산 투자에 참여할 수 있는 플랫폼이 등장하고 있습니다. 예를 들어, 부동산 자산을 토큰화한 후 이를 블록체인상에서 거래할 수 있는 '부동산 투자 플랫폼'이 있습니다.

2. 예술 작품 토큰화: 블록체인 기술을 활용하여 예술 작품을 토큰화하면 예술 작품에 대한 소유권 등을 블록체인상에서 관리할 수 있습니다. 이를 통해 예술 작품 거래의 투명성을 높이고 예술 작품에 대한 투자를 촉진할 수 있습니다.

3. 금융 자산 토큰화: 금융 자산을 토큰화하여 거래할 수 있는 플랫폼이 등장하고 있습니다. 예를 들어, 채권이나 주식 등을 토큰화한 후 이를 블록체인상에서 거래할 수 있는 '디지털 자산 거래소'가 있습니다.

4. 자동차 등 유동 자산 토큰화: 유동 자산도 토큰화하여 블록체인상에서 거래할 수 있습니다. 예를 들어, 자동차를 토큰화한 후 이를 블록체인상에서 거래할 수 있는 '자동차 공유 플랫폼'이 있습니다. 이를 통해 자동차 등 유동 자산의 공유 경제 모델이 활성화될 수 있습니다.

빙챗의 경우 자산을 'Tangible, Fungible, Non-fungible'의 세 유형으로 나누어 분석하고 있는 데 반해, 챗GPT는 토큰화가 가능한 다양한 자산에 대해 개별적인 설명을 가하고 있다. 두 챗봇의 의견을 합치면 좋은 답변이 되겠다. 즉, 부동산이나 자동차, 화폐나 주식, 예술품이나 게임 아이템 등에 이르기까지 다양한 자산들이 토큰화가 가능하다.

(4) NFT

이제 빙챗이 분류한 'Non-fungible asset'에 대한 토큰이자 2022년에 코인과 토큰 업계의 최대 화제였던 NFT에 대해 알아보기로 하자.

문: NFT에 대해 알려 주세요.

빙챗: NFT는 'Non-Fungible Token'의 약자로, '대체불가토큰' 혹은 '대체불가능토큰'으로 번역됩니다. 대체 가능한 토큰들과는 달리 각각의 토큰이 독립적인 가치를 가지며 서로 교환이 불가능합니다. NFT는 블록체인 기술을 이용하여 만들어지며, 디지털 자산의 소유권을 증명할 수 있습니다.

NFT는 예술품, 게임 아이템, 스포츠 메모라빌리아 등 다양한 분야에서 사용되고 있습니다. NFT는 블록체인 기술을 이용하여 만들어지기 때문에, 디지털 자산의 소유권을 증명할 수 있으며, 이를 통해 디지털 자산 거래의 투명성과 효율성을 높일 수 있습니다.

챗GPT: NFT(Non-Fungible Token)는 블록체인 기술을 사용하여 만들어진 고유한 디지털 자산을 나타내는 토큰입니다. 각각의 NFT는 고유한 식별자를 가지며, 중복될 수 없습니다. NFT는 기존의 암호화폐와 달리 서로 대체 가능하지 않기 때문에 "비교할 수 없는" 유일한 자산을 나타냅니다.

주로 예술 작품, 게임 아이템, 스포츠 팀의 콜렉터 아이템, 가상 부동산 등 다양한 분야에서 NFT가 사용되고 있습니다. NFT의 가치는 해당 자산이 가지고 있는 희소성, 유일성, 인기도 등에 따라 결정됩니다. NFT는 블록체인 기술을 이용하여 발행됩니다. 대표적으로 이더리움 블록체인을 이용한 ERC-721, ERC-1155 표준이 있으며, 다른 블록체인에서도 NFT를 발행할 수 있습니다. NFT를 구매하거나 판매하려면 해당 NFT를 지원하는 온라인 거래소에서 거래할 수 있습니다.

NFT에 대한 두 챗봇의 의견을 종합하면 완벽한 답안이 마련될 수 있다. 이에 따르면 NFT는 'Non-Fungible Token'의 약자로 '대체불가능토큰'

이라는 의미인데 각각의 토큰이 독립적인 가치를 가지며 서로 교환이 불가능하다고 한다. 빙챗에 따르면 기술적인 면에서 NFT는 블록체인을 활용하였으며, 그 용도에 있어서는 주로 디지털 자산의 소유권을 증명하는데 쓰여서 예술품, 게임 아이템, 스포츠 관련 아이템 등 다양한 분야에서 사용되고 있다. 그리고 챗GPT에 따르면 NFT의 가치는 해당 자산이 가지고 있는 희소성, 유일성, 인기도 등에 따라 결정된다고 하는데, 이는 NFT의 특성을 정확히 파악한 뒤 나온 답이라 할 수 있다.

그림 4-13: NFT로 인해 예술품의 디지털 자산화가 가능해졌다

(5) STO와 NFT의 전망

다음으로 비즈니스적 측면과 투자적 측면을 고려해서 STO와 NFT의 전망에 대해 알아보기로 하자.

문: STO의 전망에 대해 알려 주세요.

빙챗: STO는 'Security Token Offering'의 약자로, 증권형 토큰 발행을 의미합니다. 최근 증권형 토큰 시장이 성장할 것으로 예상되며, 2030년까지 2조 달러(약 2,240조 원) 규모로 성장할 것으로 전망되고 있습니다. STO는 기존의 IPO나 ICO와 달리 증권으로서의 기능을 가지고 있으며, 이를 통해 투자자들은 기업의 소유권을 가질 수 있습니다.

하지만 한국은 지난 2017년 암호화폐 공개(ICO), 증권형 토큰 공개(STO)를 비롯한 모든 형태의 가상 자산 발행을 통한 자금조달을 금지하는 정책을 발표하였기 때문에 STO 시장이 한국에서 성장할 가능성은 낮습니다.

챗GPT: STO(증권형 토큰 발행)는 기존의 IPO나 VC 등의 방식으로 증권을 발행하는 방법에 비해 더 빠르고 효율적인 방법으로 증권을 발행할 수 있게 해 주는 기술입니다. 블록체인을 기반으로 하기 때문에 투자자들은 블록체인에서 거래가 이루어지는 것으로 신뢰성이 높아지며, 국제적인 거래에 대한 비용과 시간도 크게 절감됩니다.

STO는 현재 대부분 규제 문제로 인해 아직은 성장이 늦어지고 있지만, 향후 규제 문제가 해결될 경우 보안성이 높아져 투자자들의 관심도 높아질 것으로 예상됩니다. 또한 STO는 기존의 증권 시장에 비해 훨씬 더 작은 금액부터 투자 가능하므로 대중적인 투자 수단으로 자리 잡을 가능성이 큽니다. 따라서 STO는 향후 증권 시장에서 큰 역할을 할 것으로 예상됩니다.

STO의 전망에 대한 빙챗과 챗GPT의 의견이 엇갈린다. 빙챗은 STO의 전망에 대해 부정적인데, 국제 시장에서는 STO가 크게 성장할 것으로 보이지만, 한국의 경우 규제가 심해서 성장 가능성이 낮다고 판단하고 있다. 반면에 챗GPT 또한 STO가 규제 문제로 인해 성장이 지체되고 있다고 보고 있기는 하지만, 향후 규제 문제가 해결된다면 높은 안정성으로 인해 투자자들의 관심이 증대할 것으로 예상하고 있다.

덧붙여서 암호화폐로서의 STO의 특성에 관해 언급하며 1개의 증권 토큰이 여러 개로 분할이 가능하기 때문에 기존의 증권에 비해 훨씬 더 작은 금액부터 투자 가능하므로 향후 증권 시장에서 큰 역할을 할 것으로 예상된다는 긍정적 전망을 내놓고 있다.

이제 NFT에 대해 두 챗봇이 어떻게 전망하고 있는지 알아보기로 하자.

문: NFT의 사업성에 대한 전망이 어떠한가요?

빙챗: NFT 시장은 최근 큰 성장을 보이고 있으며, NFT 관련 주식이 급등하는 현상도 나타나고 있습니다. 그러나 NFT 시장의 사업성은 아직 미미하다는 분석도 있습니다. 특히 NFT 시장은 법적 리스크가 높아 사업성을 따져야 한다는 의견도 있습니다.

하지만 NFT 시장이 성장할 가능성은 높다는 전망도 있습니다. 예를 들어, 게임 분야에서는 NFT를 이용한 게임 서비스 융합을 위해 준비한 NFT 사업으로 다수의 NFT 프로젝트를 운영하고 있는 '애니팡 서포터 클럽'이 있으며, 이를 통해 '애니팡' IP의 사업성을 입증하였습니다.

챗GPT: NFT는 현재 매우 뜨거운 이슈이며, 예술 작품, 게임 아이템, 음악 등의 디지털 자산을 소유권으로써 거래하는 데 사용됩니다. 이는 디지털 자산의 소유권을 분산 원장 기술을 활용하여 검증 가능하게 만들어, 작품의 유일성과 오리지널리티를 입증하고 거래의 투명성을 확보하는 것을 목적으로 합니다.

NFT의 사업성은 현재 급격하게 증가하고 있으며, 미국의 NBA, 메타버스, 음반사 등의 기업들이 이미 NFT를 활용한 사업을 진행하고 있습니다. 또한 예술 작품, 스포츠 메모라빌리아 등에 대한 수요도 증가하고 있어 NFT 시장이 크게 성장할 것으로 전망됩니다. 하지만 이는 새로운 시장이기 때문에 변동성이 크며, 이에 대한 규제 문제도 여전히 존재합니다. 따라서 이러한 새로운 시장에서 투자하는 것은 위험을 동반합니다.

두 챗봇은 NFT에 대한 사업성과 투자에 있어 양가적인 입장을 견지하고 있다. 즉, 아직 NFT 시장이 형성된 지 얼마 지나지 않았기 때문에 객관적인 평가를 하기에는 무리가 있으며, NFT 재화는 시장이 크게 성장할 것으로 보이기 때문에 투자 가치가 있어 보이기도 하지만, 새로운 시장이라서 변동성이 큰 데다가 NFT에 대한 규제도 국제적으로 통일되지 않으며 따라서 법적 리스크가 크다는 문제점이 상존한다고 한다.

빙챗의 경우 아직은 NFT의 사업성이 미미하다고 지적을 한 점은 2020년대 초반에 큰 붐이 불었다가 2022년 하반기쯤부터 급속히 식은 NFT 시장의 변동성에 주목한 것 같은데, 이는 빙챗이 가장 최근의 정보도 활용하기 때문에 이와 같은 결과를 낸 것으로 보인다.

제5장

플랫폼에 대해

지금까지 우리는 요즘 시대를 4차 산업혁명 시대와 초연결 시대로 정의하고, 인공지능, 메타버스, 블록체인 등을 이 시기의 주요한 기술로 판단하여 각각의 활용도를 정리하였다. 이제 우리는 이제까지 살핀 모든 기술을 통섭할 수 있는 플랫폼에 대해 확인하면서 요즘 시대에 통하는 비즈니스 트렌드에 대한 우리의 여정을 마치려고 한다.

플랫폼의 장점은 명확하다. 4차 산업혁명의 시대이자 초연결 시대인 현재를 대표하는 여러 기술들을 융합하여 포괄할 수 있다는 점에서 플랫폼은 지금까지 살펴본 모든 새로운 테크놀로지들의 정점에 서 있다고 할 수 있다. 그런데 국내외를 막론하고 최근에 플랫폼의 독점 문제가 크게 대두되어 사회적 이슈가 되고 있는 게 또한 사실이기도 하다.

빙챗과 챗GPT는 플랫폼의 핵심 가치를 어떻게 생각하는지, 위와 같은 단점에 대한 해결책은 가지고 있는지 자못 궁금해진다. 이들은 또한 플랫폼의 향후 전망에 대해 어떻게 생각하고 있을까? 두 챗봇과의 대화를 통해 플랫폼의 이모저모를 살피면서 지금 현재 필요한 플랫폼의 구성에는 어떤 게 있는지 알아보기로 하자.

1. 플랫폼이란?

(1) 플랫폼의 원뜻

우선 플랫폼의 원래 뜻에서부터 출발하여 차근차근 알아보기로 하자.

사진 5-1: 플랫폼(예전 의미)

문: 21세기 이전에 플랫폼은 어떤 뜻으로 쓰였나요?

빙챗: 21세기 이전에는 플랫폼이라는 단어가 현재와 같은 의미로 사용되지 않았습니다. 하지만 플랫폼이라는 단어는 땅을 구획하고 용도를 설정하는 것에서 비롯되었습니다.

챗GPT: 21세기 이전에 '플랫폼'이라는 용어는 주로 물리적인 구조물을 가리키는 말로 사용되었습니다. 예를 들어, 기차역이나 버스 정류장과 같은 대기실이나 승강장을 '플랫폼'이라고 부르는 경우가 많았습니다.
(이하 생략)

빙챗과 챗GPT에 따르면 플랫폼은 주로 물리적인 구조물을 가리키는 말로 사용되었는데, 예전부터 기차역, 버스 정류장 등의 대기실이나 승강장을 주로 '플랫폼'이라고 지칭해 왔다고 한다.

(2) 요즘 플랫폼의 의미

그런데 21세기에 이르러 플랫폼의 의미에 변화가 왔다. 이제 '21세기 이전'이라는 단서를 떼고 플랫폼 자체가 요새 어떤 의미로 읽히는지 알아보자.

문: 플랫폼이란 무엇인가요?

빙챗: 플랫폼은 응용 소프트웨어를 실행하기 위해 쓰이는 하드웨어와 소프트웨어의 결합이라고 합니다. 플랫폼은 하나의 운영체제 또는 컴퓨터 아키텍처라고 단순히 말할 수 있으며 그 두 가지를 통칭해서 말할 수도 있습니다. 플랫폼은 구획된 땅이라는 Plat과 형태라는 의미의 Form이 합성된 말로서 경계가 없던 땅이 구획되면서 용도에 따라 다양한 형태로 활용될 수 있는 공간을 상징하는 단어가 되었습니다.
챗GPT: 플랫폼은 서로 다른 시스템이나 애플리케이션을 연결하고 상호작용

할 수 있는 기술적인 기반을 제공하는 소프트웨어이며, 디지털 경제에서 중요한 역할을 합니다. 일반적으로 플랫폼은 다른 소프트웨어, 하드웨어, 또는 서비스와 상호작용할 수 있는 API(Application Programming Interface)를 제공합니다.

예를 들어 소셜 미디어 플랫폼은 사용자들이 서로 커뮤니케이션하고 콘텐츠를 공유할 수 있도록 하며, 전자상거래 플랫폼은 판매자와 구매자가 제품 및 서비스를 거래할 수 있도록 합니다. 또한, 운송 플랫폼은 탑승자와 운전자를 연결하여 교통수단을 공유할 수 있도록 합니다.

플랫폼은 다른 기업이나 개인이 애플리케이션을 만들고 서비스를 제공할 수 있도록 하는 기술적인 기반을 제공하므로, 디지털 경제에서 매우 중요한 역할을 합니다. 또한, 플랫폼은 데이터를 수집하고 분석하여 사용자에게 맞춤화된 서비스를 제공하며, 이를 통해 많은 수익을 창출할 수 있습니다.

빙챗과 챗GPT의 대답이 모두 요즘 우리가 생각하는 플랫폼에 대한 의미를 잘 전달하고 있는데, 플랫폼이란 한마디로 구글이나 아마존, 네이버와 같이 인터넷 기반으로 여러 사업 영역을 묶거나 혹은 단일한 사업 영역을 세분화된 구획으로 나눈 형태의 서비스를 제공하는 것을 일컫는다.

빙챗에 따르면 플랫폼은 응용 소프트웨어를 실행하기 위해 쓰이는 하드웨어와 소프트웨어의 결합이라고 하며, 원래 구획된 땅이라는 'Plat'과 형태라는 의미의 'Form'이 합성된 말로 경계가 없던 땅이 구획되면서 용도에 따라 다양한 형태로 활용될 수 있는 공간이라는 새로운 단어로 등장하게 되었다고 한다.

사진 5-2: 플랫폼(요즘 의미)

챗GPT에 따르면 플랫폼은 다른 기업이나 개인이 애플리케이션을 만들고 서비스를 제공할 수 있도록 하는 기술적인 기반을 제공하기 때문에 디지털 경제에서 매우 중요한 역할을 하는데, 예를 들면 데이터를 수집하고 분석하여 사용자에게 맞춤화된 서비스를 제공함으로써 많은 수익의 창출에 기여할 수 있다고 한다. 그리고 일반적으로 플랫폼은 다른 소프트웨어, 하드웨어, 또는 서비스와 상호작용할 수 있도록 인터페이스(API: Application Programming Interface)를 제공한다고 한다.

(3) 인터페이스

그렇다면 인터페이스가 과연 무엇을 말하는 것인지 좀 더 알아볼 필요가 있겠다.

문: 플랫폼 서비스에서 인터페이스가 무엇인지 알려 주세요.

> 빙챗: 플랫폼 서비스에서 인터페이스란 사용자와 시스템 간의 상호작용을
> 위한 매개체로, 사용자가 시스템을 조작하고 결과를 확인할 수 있도록
> 돕는 역할을 합니다. 이를 통해 사용자는 플랫폼 서비스를 보다 쉽게
> 이용할 수 있습니다.
>
> 챗GPT: 플랫폼 서비스에서 인터페이스란, 사용자와 플랫폼 서비스 간의 상
> 호작용을 가능하게 하는 매개체입니다. 즉, 인터페이스는 사용자가
> 플랫폼 서비스를 사용할 때 볼 수 있는 화면, 버튼, 메뉴 등의 시각적
> 요소와 함께, 사용자가 입력하는 데이터나 명령어 등을 서버로 전달
> 하기 위한 기술적인 요소들로 이루어져 있습니다.
>
> 예를 들어, 소셜 미디어 플랫폼의 인터페이스는 로그인 화면, 타임라
> 인, 프로필 페이지, 메시지 보내기 버튼 등으로 이루어져 있습니다.
> 사용자는 이러한 인터페이스 요소들을 통해 다른 사용자와 소통하
> 고, 콘텐츠를 업로드하고, 좋아요를 누르고, 댓글을 달고 등의 작업
> 을 수행할 수 있습니다. (이하 생략)

인터페이스에 대한 빙챗과 챗GPT의 의견은 길이에만 차이가 있을 뿐 거의 일치한다. 이에 따르면 플랫폼 서비스에서 인터페이스란 사용자와 시스템 간의 상호작용을 위한 매개체 역할을 하는 것으로 플랫폼 서비스를 보다 쉽고 편리하게 이용하기 위해 다양한 형태로 제공된다는 것이다. 일반적으로 인터페이스는 화면, 버튼, 메뉴 등의 시각적 요소에 사용자가 입력하는 데이터나 명령어 등을 서버로 전달하기 위한 기술적인 요

소들로 구성되어 있는데 두 챗봇이 이 점을 잘 요약하였다.

그림 5-1: 스마트폰의 정렬된 앱들이 바로 인터페이스의 일종이다

예를 든다면 소셜 미디어 플랫폼의 경우 인터페이스는 로그인 화면, 타임라인, 프로필 페이지, 메시지 보내기 버튼 등으로 이루어져 있고, 사용자는 이러한 요소들을 활용하여 다른 사용자와 소통하게 되는데, 콘텐츠를 업로드하고, 추천하며, 댓글을 다는 등의 모든 작업의 수행이 가능하다는 것이다.

2. 플랫폼의 활용도와 사례

(1) 한국의 플랫폼

이제 플랫폼을 활용한 한국의 대표적인 서비스로 어떤 것이 있는지 알아본 후 몇 개를 추려서 경영자와 이용자의 측면에서 플랫폼의 활용도에 대해 힌트를 얻어 보자.

문: 플랫폼을 이용한 한국의 대표적인 서비스에 대해 알려 주세요.

> 빙챗: 한국의 대표적인 플랫폼 서비스는 네이버입니다. 네이버 포털은 우리
> 나라 웹서비스를 대표하는 거대 플랫폼 서비스이자, 서비스 기업입니
> 다. 또한 배달의민족은 소비자와 음식점을 연결해 주는 배달 플랫폼으
> 로 한국의 대표적인 플랫폼 기업 중 하나입니다.
> 챗GPT: 한국에서는 플랫폼을 이용한 다양한 서비스들이 제공되고 있습니다.
> 여기서는 그중에서도 대표적인 몇 가지 서비스를 소개하겠습니다.
> 1. 카카오톡(KakaoTalk): 대한민국 최대의 모바일 메신저 서비스입
> 니다. 카카오톡을 통해 사용자들은 메시지를 주고받을 수 있으며, 그
> 외에도 그룹 채팅, 음성 및 영상 통화, 기프트샵, 카카오페이 등의 기
> 능을 제공하고 있습니다. (이하 생략)

빙챗과 챗GPT에 따르면 네이버, 배달의민족, 카카오톡 등이 한국의 대표적인 플랫폼 서비스라고 하는데, 우리 모두 인정할 수 있는 대답이라 하겠다. 챗GPT는 우버이츠, 에어비앤비 등도 소개하고 있는데, 이들은 해외에 근거를 둔 업체이므로 생략했고, 우선 국내에 근거를 둔 네이버, 배달의민족, 카카오톡 등에 대해서 먼저 살펴보겠다.

① 네이버

우선 네이버 플랫폼의 특징에 대해 분석해 보자.

문: 네이버의 플랫폼적 특징에 대해 알려 주세요.

> 빙챗: 네이버는 검색을 중심으로 다양한 서비스를 제공하는 한국의 포털 사이트입니다. 네이버는 검색엔진을 통해 사용자들에게 정보를 제공하고 있으며, 뉴스, 쇼핑, 지도 등 다양한 서비스를 제공하고 있습니다. 또한 네이버는 블로그, 카페 등의 커뮤니티 서비스를 제공하고 있으며, 인터넷 방송과 같은 새로운 분야에도 도전하고 있습니다.
>
> 챗GPT: 네이버는 대한민국의 대표적인 인터넷 포털 사이트로, 다양한 서비스를 제공하는 플랫폼으로 알려져 있습니다. 네이버의 플랫폼적 특징은 다음과 같습니다.
>
> 1. 포털 서비스: 네이버는 포털 서비스를 기반으로 다양한 정보를 제공합니다. 검색엔진을 비롯하여 뉴스, 블로그, 카페, 지식인, 쇼핑, 예약 등 다양한 서비스를 제공하여 사용자들이 편리하게 원하는 정보를 찾고 활용할 수 있도록 도와줍니다.
>
> 2. 커뮤니케이션 서비스: 네이버는 메일, 블로그, 카페, 스터디, 뉴스톡 등 다양한 커뮤니케이션 서비스를 제공하여 사용자들이 소통하고 정보를 공유할 수 있는 환경을 제공합니다.
>
> 3. 콘텐츠 서비스: 네이버는 웹툰, 웹소설, 뮤직, 영화 등 다양한 콘텐츠 서비스를 제공하여 사용자들이 다양한 콘텐츠를 즐길 수 있도록 도와줍니다.
>
> 4. 금융 서비스: 네이버는 자체 금융 플랫폼인 네이버페이를 통해 결제,

> 송금, 예금, 대출 등 다양한 금융 서비스를 제공합니다.
>
> 5. 소셜 미디어: 네이버는 블로그, 카페, 뉴스톡 등 다양한 소셜 미디어 기능을 제공하여 사용자들이 다양한 관심사를 공유하고 소통할 수 있는 환경을 제공합니다. (이하 생략)

빙챗과 챗GPT의 네이버 플랫폼에 대한 의견에는 오류가 없어 보인다. 다만 챗GPT의 답이 네이버를 보다 플랫폼적 측면에서 분석하였다. 우선 네이버는 포털 사이트로 기능하며 검색은 기본이고 뉴스, 커뮤니티 서비스, 이메일 기능 등 다양한 서비스를 제공한다. 특히 웹툰, 웹소설 등의 콘텐츠를 제공하는 창으로 기능할 뿐만 아니라, 네이버페이를 통해 결제, 송금, 예금, 대출 등 다양한 금융 서비스를 제공하며 이를 네이버 쇼핑 등 다른 서비스와도 연계하여 플랫폼으로서의 상승효과를 노리고 있다. 두 챗봇이 미처 제기하지 못했지만, 최근에 인공지능 분야에서도 네이버 클로바 등의 서비스를 제공하며 4차 산업혁명에 대비하는 등 플랫폼으로서의 영역을 점점 더 확대하고 있다.

② 배달의민족

다음으로 배달의민족의 플랫폼적 특징에 대해 알아보자.

문: 배달의민족의 플랫폼적 특징에 대해 알려 주세요.

빙챗: 배달의민족은 음식 배달, 상품 배달, 커머스 서비스를 제공하는 플랫폼입니다. '음식 배달'은 광고비 또는 수수료 체계로 되어 있고, '상품 배달'은 상품을 직접 매입해서 이익을 내는 구조입니다. 배달의민족은 초기 시장에서 우위를 점하기 위해 마케팅에 막대한 비용을 투자하여 오랫동안 적자를 기록했으나 2016년 이후 흑자를 이어 가고 있습니다.

챗GPT: 배달의민족은 대한민국의 대표적인 배달 음식 주문 및 배달 플랫폼으로, 다양한 서비스를 제공하는 플랫폼적인 특징이 있습니다. 배달의민족의 플랫폼적 특징은 다음과 같습니다.

1. 음식 주문 및 배달 서비스: 배달의민족은 사용자들이 편리하게 음식을 주문하고 배달받을 수 있는 플랫폼입니다. 다양한 음식점을 검색하고 메뉴를 선택하여 주문하며, 배달 대행 서비스를 통해 음식을 직접 배달받을 수 있습니다.

2. 다양한 음식점 정보 제공: 배달의민족은 다양한 음식점의 정보를 제공합니다. 음식점의 메뉴, 가격, 리뷰, 평점 등을 확인할 수 있어 사용자들이 다양한 선택지 중에서 원하는 음식점을 찾고 주문할 수 있습니다.

3. 리뷰 및 평점 기능: 배달의민족은 사용자들이 리뷰를 작성하고 평점을 남길 수 있는 기능을 제공합니다. 이를 통해 사용자들은 음식점의 서비스와 음식의 맛을 평가하고, 다른 사용자들의 리뷰를 참고하여 음식점을 선택할 수 있습니다. (이하 생략)

배달의민족에 대한 두 챗봇의 대답 중에서 빙챗의 경우에는 배달의민족의 전체적인 개요만 제시하였고 챗GPT의 경우 보다 플랫폼적인 측면에서의 특징을 거론하였다. 이에 따르면 배달의민족은 음식 등의 배달 서비스가 기본인데, 특정 음식점의 위치는 물론 메뉴, 가격 등의 정보와 이용자들의 의견을 바탕으로 음식점에 대한 평가 등에 대한 정보도 제공하여 이용자들이 기호와 상황에 맞게 상품을 선택할 수 있도록 플랫폼을 구성하고 있다.

③ 카카오톡

다음으로 카카오톡이 플랫폼으로 어떻게 기능하는지 알아보자.

문: 카카오톡의 플랫폼적 특징에 대해 알려 주세요.

빙챗: 카카오톡은 모바일 인스턴트 메신저로서, 상대방에게 메시지, 사진, 동영상, 음성, 그리고 연락처 등을 전송할 수 있고, 친구들과 일정을 만들 수 있습니다. 또한 카카오톡은 수많은 기능과 서비스를 가지고 있습니다. 카카오톡의 주요 기능으로는 채팅, 그룹 채팅, 이모티콘, 스티커 등이 있으며, 카카오게임, 카카오드라이버, 카카오택시 등 다양한 서비스를 제공하고 있습니다.

챗GPT: 카카오톡은 대한민국의 대표적인 메신저 앱으로, 다양한 서비스를 제공하는 플랫폼적인 특징이 있습니다. 카카오톡의 플랫폼적 특징은 다음과 같습니다.

1. 메신저 기능: 카카오톡은 사용자들이 편리하게 메시지를 주고받을 수 있는 메신저 기능을 제공합니다. 사용자들은 친구와 개인 또는 그룹 채팅을 할 수 있으며, 텍스트, 사진, 음성, 동영상 등 다양한 형식의 메시지를 전송할 수 있습니다.

2. 카카오톡 플러스친구: 카카오톡은 플러스친구라는 기능을 제공하여 사용자들이 개인이나 기업의 공식 계정을 팔로우하고, 뉴스, 이벤트, 프로모션 등의 콘텐츠를 제공받을 수 있습니다.

3. 봇(Bot) 기능: 카카오톡은 봇(Bot) 기능을 통해 자동응답 챗봇을 생성하고 운영할 수 있습니다. 사용자들은 봇을 통해 다양한 정보를 얻을 수 있고, 예약, 주문, 결제 등의 서비스를 이용할 수 있습니다.

4. 카카오페이: 카카오톡은 카카오페이라는 결제 서비스를 제공합니다. 사용자들은 카카오페이를 통해 간편하게 송금, 결제, 충전, 결제 내역 확인 등의 금융 서비스를 이용할 수 있습니다. (이하 생략)

카카오톡은 사실 카카오 플랫폼의 대명사로 볼 수 있다. 카카오 플랫폼은 카카오톡 등 채팅 기능 외에도 다양한 서비스를 제공하는데 빙챗의 적절한 요약에 따르면 카카오게임, 카카오드라이버, 카카오택시 등 일반인이 애용하는 서비스만 해도 수두룩하며, 챗GPT의 보충에서도 잘 드러나듯이 카카오페이 등의 활성화를 통해 금융 서비스 기능 등도 제공하고 있다. 두 챗봇이 미처 거론하지 않고 있지만, 사실 카카오는 라이벌 회사인 네이버와 경쟁 구도에 있기 때문에 웹툰, 웹소설, 게임 등의 콘텐츠 분야에서도 많은 공을 들여 서비스를 제공하고 있다.

(2) 글로벌 플랫폼

다음으로 플랫폼을 활용한 대표적인 글로벌 서비스로 어떤 것이 있는지 살펴본 후 이 플랫폼들을 경영자와 이용자의 측면에서 그 활용도에 대해 하나씩 분석해 보자.

문: 플랫폼을 이용한 세계의 대표적인 서비스에 대해 알려 주세요.

> 빙챗: 세계적으로 유명한 플랫폼 서비스로는 구글, 아마존, 페이스북 등이 있습니다. 구글은 검색엔진을 비롯한 다양한 서비스를 제공하며, 아마존은 쇼핑몰과 클라우드 서비스를 제공합니다. 페이스북은 소셜 네트워크 서비스를 제공하며, 인스타그램과 왓챠 등 다양한 서비스를 보유하고 있습니다. 또한 우버와 에어비앤비는 대표적인 공유 경제 플랫폼 서비스입니다.
>
> 챗GPT: (위와 비슷한 내용이어서 생략)

플랫폼을 활용한 세계적인 업체들로 두 챗봇이 소개하고 있는 것은 구글, 페이스북, 아마존, 우버, 에어비앤비 등이 있다. 이들 업체들의 서비스 중에서 구글, 페이스북, 아마존 등의 플랫폼 운용에서 어떤 특징이 있는지 차례로 알아보기로 하자.

① 구글
우선 구글이 플랫폼적 측면에서 어떤 특이 사항이 있는지 알아보자.

문: 구글의 플랫폼적 특징에 대해 알려 주세요.

빙챗: (클라우드에 치중된 의견이라서 생략)

챗GPT: 구글은 대표적인 IT 기업으로서 다양한 플랫폼을 보유하고 있습니다. 구글의 플랫폼적 특징은 다음과 같습니다.

1. 검색엔진: 구글은 전 세계에서 가장 많이 사용되는 검색엔진으로, 웹상의 정보를 빠르고 정확하게 검색하여 제공합니다. 사용자들은 구글 검색을 통해 다양한 정보를 얻고, 웹사이트를 찾아볼 수 있습니다.

2. 광고 플랫폼: 구글은 광고 플랫폼인 Google Ads를 통해 광고주와 광고 수익을 창출하는 웹사이트를 연결해 주는 중개 역할을 수행합니다. 구글은 광고주들에게 광고를 노출시키는 많은 서비스와 도구를 제공하며, 광고 수익을 얻는 웹사이트 소유자들에게는 광고 수익을 나누는 프로그램도 제공합니다.

3. 클라우드 플랫폼: 구글은 클라우드 컴퓨팅 플랫폼인 Google Cloud Platform(GCP)을 제공하여 기업들이 인프라, 데이터 저장, 데이터 처리, 인공지능, 머신러닝 등을 활용할 수 있는 환경을 제공합니다.

4. 모바일 플랫폼: 구글은 모바일 운영체제인 안드로이드(Android)를 개발하고 있으며, 안드로이드 운영체제는 스마트폰 및 태블릿과 같은 다양한 모바일 기기에서 사용되고 있습니다. 구글은 안드로이드 플랫폼을 기반으로 다양한 모바일 앱과 서비스를 제공하고 있습니다.

5. 비디오 플랫폼: 구글은 유튜브(YouTube)라는 세계적으로 유명한 비디오 플랫폼을 운영하고 있습니다. 유튜브는 사용자들이 다양한 종류의 동영상 콘텐츠를 시청하고 공유할 수 있는 플랫폼으로, 광고 수익을 창출하는 크리에이터들에게도 수익을 나누는 프로그램을 제공합니다. (이하 생략)

두 챗봇의 대답 중에서 빙챗은 주로 클라우드 서비스에 한정해서 구글을 설명하고 있는데, 챗GPT가 제대로 설명하고 있는 것처럼, 사실 구글의 경우 플랫폼적 측면에서 볼 때 클라우드 서비스는 작은 한 부분에 지나지 않고 다른 여러 가지 기능을 담고 있다.

우선 구글은 검색 기능을 통해 이용자들에게 다양한 정보를 제공할 뿐만 아니라 여러 업체들과 직간접적으로 연결시킬 수 있으며, 유튜브 서비스를 통해 이용자들이 각양 각종의 동영상 콘텐츠를 시청하고 공유할 수 있도록 하고, 이용자 스스로가 동영상 콘텐츠를 생산할 수 있는 환경도 조성하고 있다. 여기서 구글은 서비스의 다음 단계로 넘어갈 때 이용자가 광고를 시청하게 유도함으로써 광고주로부터 받은 수익을 콘텐츠 생산자와 공유하는 구조로 플랫폼을 운영하고 있다.

그림 5-2: 구글의 검색엔진은 오랫동안 독점적인 지위를 누렸다

이상에서 알 수 있듯이 구글은 검색, 유튜브 등에서 독점적인 플랫폼으로서의 위치를 점유하고 있는데, 문제는 이러한 독점적 지위가 흔들릴 때

회사의 수익이 순식간에 곤두박질칠 수 있다는 데 있다. 실제로 구글의 검색 서비스는 얼마 전 챗GPT와 빙챗 등의 인공지능 대화 서비스의 등장 이후로 이전의 입지가 크게 흔들리고 있다. 대안으로 마련한 구글의 인공지능 챗봇 바드의 경우 성능 미달로 이용자들의 외면을 받고 있는 실정이다. 앞으로 구글이 어떻게 이 상황을 타개해 나갈지 지켜보자.

② 페이스북

다음으로 페이스북은 플랫폼으로 어떻게 기능하는지 살펴보자.

문: 페이스북의 플랫폼적 특징에 대해 알려 주세요.

빙챗: 페이스북은 소셜 네트워크 서비스로서, 사용자들이 친구들과 연결되어 있으며, 메시지를 보내고 사진과 동영상을 공유할 수 있습니다. 또한 페이스북은 광고 및 마케팅 서비스를 제공하며, 사용자들이 광고를 볼 수 있도록 합니다. 또한 페이스북은 다양한 기능과 서비스를 제공하며, 사용자들이 이용할 수 있습니다.

챗GPT: 페이스북은 전 세계에서 가장 대표적인 소셜 미디어 플랫폼으로, 다양한 플랫폼적 특징을 가지고 있습니다.

1. 소셜 네트워킹: 페이스북은 사용자들이 친구, 가족, 지인들과 소셜 네트워킹을 할 수 있는 플랫폼입니다. 사용자들은 페이스북 프로필을 통해 자신의 개인정보, 사진, 게시물 등을 공유하고, 친구들과 소통하며, 다양한 활동을 공유할 수 있습니다.

2. 뉴스 및 콘텐츠 공유: 페이스북은 사용자들이 뉴스, 기사, 동영상,

사진 등의 다양한 콘텐츠를 공유하고 소통할 수 있는 플랫폼입니다. 사용자들은 자신의 타임라인에 다양한 콘텐츠를 공유하고, 댓글, 좋아요, 공유 등의 기능을 통해 소통할 수 있습니다.

3. 광고 플랫폼: 페이스북은 광고 플랫폼인 Facebook Ads를 통해 광고주와 광고 수익을 창출하는 웹사이트를 연결해 주는 중개 역할을 수행합니다. 페이스북은 광고주들에게 다양한 광고 형식과 타겟팅 옵션을 제공하며, 광고 수익을 얻는 콘텐츠 제작자들에게도 수익을 나누는 프로그램을 제공합니다.

4. 메신저 플랫폼: 페이스북은 메신저 플랫폼인 Facebook Messenger를 운영하고 있습니다. 이는 사용자들이 텍스트, 음성, 비디오, 사진 등을 통해 소통할 수 있는 메시징 플랫폼으로, 개인 및 그룹 채팅, 음성 및 비디오 통화, 송금 등의 기능을 제공합니다.

5. 가상현실 플랫폼: 페이스북은 가상현실(VR) 플랫폼인 Oculus를 보유하고 있습니다. Oculus는 가상현실 게임, 앱, 경험을 제공하며, 가상현실을 활용한 소셜 네트워킹 기능도 제공합니다. (이하 생략)

페이스북에 대한 설명 중에서 빙챗의 경우에는 간략하게 정리가 되어 있어서 구체적으로 어떤 기능이 있는지 밝혀지지가 않았다. 챗GPT에 따르면 페이스북은 플랫폼으로서 여러 서비스를 제공하고 있는데, 우선 소셜 네트워크로서 이용자들을 연결하는 기능이 주가 되며, 이외에도 다양한 콘텐츠를 제공하고 있다.

그중에서도 주목을 끄는 것은 가상현실(메타버스) 플랫폼인 오큘러스(Oculus)이다. 페이스북은 최근에 사명을 메타로 바꾸고 회사의 주력 업종을 메타버스 서비스로 전환을 시도하고 있는데 이 시도가 성공을 거둔다면 이 회사는 4차 산업혁명기를 맞아 회사의 주력을 바꿔 성공하게 되는 역사적 업적을 이루게 되는 것이다. 하지만 이러한 메타의 도전은 기술적 한계에 직면해서 아직까지 이렇다 할 성과를 못 거두고 있다고 한다.

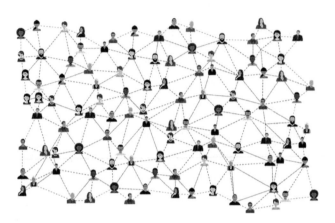

그림 5-3: 페이스북도 한동안 SNS 업계에서 독점적인 지위를 누렸다

이전 장에서 다뤘듯이 메타버스는 몇 가지로 정의할 수 있고 그에 따른 활용에도 차이가 있으며 이용자들의 편의와 혁신적 기술의 접점 사이에서 신중한 접근이 필요했는데, 메타의 경우 메타버스라는 세계관을 AR에 한정하고 접근했기 때문에 현재의 위험에 처한 걸로 분석이 가능하다. 최고 경영자의 한순간의 판단 착오에 사세가 결정적으로 기울 수 있기 때문에 아무리 거대한 글로벌 기업이라도 미래 서비스 개척에는 신중을 가해야 한다는 교훈을 얻을 수 있겠다.

사진 5-3: 오큘러스는 AR 기반인데 기술적 한계에 부딪혀 성장이 느리다

③ 아마존

다음으로 아마존의 플랫폼적 기능에 대해 알아보자.

문: 아마존의 플랫폼적 특징에 대해 알려 주세요.

빙챗: (아래와 비슷한 답이어서 생략)

챗GPT: 아마존은 세계 최대의 전자상거래 플랫폼인 아마존닷컴을 비롯하여 다양한 플랫폼적 특징을 가지고 있습니다.

1. 온라인 마켓플레이스: 아마존은 다양한 제품과 서비스를 판매하는 온라인 마켓플레이스인 아마존닷컴을 운영하고 있습니다. 이를 통해 개인과 기업이 상품을 판매하고, 소비자들이 다양한 제품을 구매할 수 있습니다.

2. 클라우드 컴퓨팅: 아마존은 아마존 웹 서비스(AWS)를 통해 클라우드 컴퓨팅 서비스를 제공하고 있습니다. 이를 통해 기업들은 서버,

스토리지, 데이터베이스, 인공지능 등의 다양한 IT 인프라와 서비스를 이용할 수 있습니다.

3. 디지털 콘텐츠 제공: 아마존은 Kindle을 비롯한 다양한 디지털 콘텐츠 플랫폼을 운영하고 있습니다. 이를 통해 사용자들은 전자책, 오디오북, 음악, 동영상 등의 디지털 콘텐츠를 구매하고 이용할 수 있습니다. (중략)

6. 인공지능(AI) 기술: 아마존은 인공지능 기술을 활용하여 다양한 서비스를 제공하고 있습니다. 예를 들어, 알렉사(Alexa)는 아마존의 음성인식 가상 비서로, 가정용 스마트 디바이스를 통해 음성 명령을 이용하여 다양한 작업을 수행하고, 상품을 주문하고, 정보를 얻을 수 있습니다. (이하 생략)

사진 5-4: 아마존은 세계 최대 온라인 전자상거래 플랫폼이다

두 챗봇이 정확히 제시하고 있듯이 아마존은 전자상거래 플랫폼으로

세계적인 명성을 누리고 있다. 챗GPT에 따르면 주력 업종인 온라인 쇼핑몰 외에도 킨들 서비스를 통해 전자책, 오디오북, 음악, 동영상 등 다양한 콘텐츠를 제공하고 있는데, 네이버와 카카오가 아마존의 이러한 사업 확대 전략을 참조하면서 우리 시장에 접목시켜 왔기 때문에 구조적인 측면에서 아마존의 플랫폼은 네이버, 카카오의 그것들과 상당히 유사하다.

특히 알렉사(Alexa)와 같은 음성인식 서비스는 실생활에 유용하게 쓰이고 있는데 이 서비스가 바로 4차 산업혁명에 적용하기 위한 아마존의 도전적 시도라고 볼 수 있다. 알렉사는 가정용 스마트 디바이스를 통해 음성 명령을 이용하여 다양한 작업을 수행하고, 상품을 주문하고, 정보를 얻을 수 있게 서비스를 제공하고 있는데, 바로 지금 필요한 서비스를 현재 가동 가능한 기술로 개척해 낸 좋은 예라고 할 수 있겠다.

사진 5-5: 알렉사는 음성인식 서비스를 제공한다

3. 플랫폼의 활용

이상에서 한국은 물론 세계적으로 크게 인기를 구가하고 있는 플랫폼 몇 종류의 특징과 현재의 상황에 대해 탐색해 보았는데, 이들 대부분이 지역적 기반을 탄탄히 한 가운데 플랫폼으로 비즈니스를 진행할 때의 유리한 점을 잘 활용하여 점차 사업의 영역을 확대해 나가는 중이라는 공통점이 보인다. 즉, 플랫폼의 장점을 잘 활용한 사업들이라는 결론을 내릴 수 있겠다. 빙챗과 챗GPT가 생각하는 플랫폼의 장점은 무엇인지 살펴보면서 이들 플랫폼들이 실제로 어떻게 플랫폼으로서 우위를 차지하게 되었는지 생각해 보자.

(1) 경영자의 입장

우선 경영자의 입장부터 정리해 보자.

문: 플랫폼으로 사업을 운영할 때의 장점에 대해 알려 주세요.

> 빙챗: 플랫폼 사업의 가장 큰 장점은 공급자와 소비자 모두에게 탐색과 신뢰의 비용을 줄여 주는 경제적 혜택을 제공하므로 기존 시장보다 더 경제적인 도구로 작용하는 것입니다. 플랫폼은 표준화된 기능을 누구에게나 제공한다는 것이 가장 큰 장점입니다. 또한, 플랫폼은 네트워크 효과를 누릴 수 있어 매출이 초선형적으로 증가할 수 있습니다. (이하 생략)

챗GPT: 플랫폼으로 사업을 운영하는 것은 다양한 장점이 있습니다. 여기서는 대표적인 장점들을 소개하겠습니다.

1. 다양한 이용자들과의 상호작용: 플랫폼은 많은 이용자들이 모여 있는 곳이기 때문에, 다양한 고객층과 상호작용이 가능합니다. 이는 비즈니스 기회를 높이는 데 도움을 줄 수 있습니다.

2. 효율적인 거래 프로세스: 플랫폼은 거래 프로세스를 효율적으로 관리하고 추적할 수 있는 시스템을 제공합니다. 이는 비즈니스 운영의 효율성을 높이고 비용을 줄이는 데에 도움을 줄 수 있습니다.

3. 넓은 시장 접근성: 플랫폼은 지리적 제약을 극복할 수 있는 방법으로, 전 세계적으로 다양한 고객층에게 제품이나 서비스를 제공할 수 있습니다.

4. 비즈니스 모델 변화의 가능성: 플랫폼을 이용하면 기존 비즈니스 모델을 변화시키는 것이 가능합니다. 이는 새로운 시장을 창출하거나, 기존 시장에서의 경쟁력을 강화하는 데 도움을 줄 수 있습니다.

5. 유연한 사업 확장: 플랫폼을 이용하면 비즈니스를 유연하게 확장할 수 있습니다. 새로운 제품이나 서비스를 출시하거나, 새로운 시장을 개척하는 등의 사업 확장이 가능합니다.

6. 데이터 분석을 통한 비즈니스 성장: 플랫폼은 다양한 데이터를 수집하고 분석할 수 있는 환경을 제공합니다. 이는 비즈니스 성장을 위한 의사 결정에 도움을 주고, 고객 만족도를 높이는 데에도 도움을 줄 수 있습니다. (이하 생략)

두 챗봇의 의견 모두 효율성에 집중한 경향이 있다. 특히 챗GPT의 대답은 비즈니스 측면에서 고려해 볼 만한 더 자세한 사항들을 다루고 있다. 이에 따르면 플랫폼으로 제공되는 사업은 먼저 다양한 이용자들과의 상호작용이 가능하며 이로 인해 지리적 제약 극복과 신시장 개척 등의 유연한 사업 개척이 가능해진다는 것이다. 다음으로 거래 등과 관련된 이용자 정보의 데이터를 분석할 수 있으므로, 비즈니스적 측면에서 어떤 의사 결정을 내릴 것인지 혹은 어떻게 고객의 만족을 시킬 것인지에 대한 판단에 유리한 측면이 있기 때문에 비즈니스 운영의 효율성을 높일 수 있다는 장점이 있다.

(2) 소비자의 입장

한편 소비자(이용자)의 입장에서도 플랫폼은 굉장히 장점이 큰 비즈니스 모델이다. 그 장점에 대해 알아보자.

문: 소비자의 입장에서 플랫폼의 장점에 대해 알려 주세요.

빙챗: 플랫폼의 가장 큰 장점은 표준화된 기능을 누구에게나 제공한다는 것입니다. 상품을 소개하는 기능, 결제와 대금을 받는 기능, 판매 현황을 집계하는 기능, 마케팅 툴 등 기본적인 요소는 플랫폼 운영자가 모두 제공하기 때문에 공급자는 제품 마케팅에만 신경 쓰면 됩니다. 또한 플랫폼은 공급자와 소비자 모두에게 탐색과 신뢰의 비용을 줄여 주는 경제적 혜택을 제공하므로 기존 시장보다 더 경제적인 도구로 작용하는 것이죠.

그러나 플랫폼이 독점되어 있는 경우 소비자 입장에서 대안(대신 사용할 수 있는 서비스)이 없어 해당 서비스에 'Lock-in'될 수밖에 없음을 의미합니다.

챗GPT: 소비자 입장에서 플랫폼의 장점은 다음과 같습니다.

1. 다양한 상품/서비스 제공: 플랫폼은 여러 기업이 모여 다양한 상품/서비스를 제공하기 때문에, 소비자는 하나의 플랫폼에서 다양한 선택지를 가질 수 있습니다.

2. 쉬운 검색과 비교: 플랫폼은 상품/서비스를 쉽게 검색하고 비교할 수 있는 환경을 제공합니다. 이는 소비자들이 보다 편리하게 원하는 상품/서비스를 찾을 수 있도록 돕습니다.

3. 경제성과 접근성: 플랫폼은 다양한 기업들이 경쟁하는 환경에서, 가격 경쟁력이 높아질 수 있습니다. 또한, 지리적 제약이나 시간 제약을 극복하여 소비자가 보다 쉽게 원하는 상품/서비스를 구매할 수 있도록 돕습니다.

4. 편리한 결제 및 배송: 플랫폼은 편리한 결제 시스템과 배송 서비스를 제공하여, 소비자들이 구매한 상품/서비스를 보다 쉽고 빠르게 받을 수 있도록 돕습니다.

5. 보안과 안전성: 플랫폼은 결제 시스템과 개인정보 보호 시스템을 강화하여, 소비자의 안전과 보안을 보호합니다. 이는 소비자들이 플랫폼을 이용할 때 보다 안심하고 편안하게 이용할 수 있도록 돕습니다.

이러한 장점들은 소비자들이 플랫폼을 이용할 때 보다 편리하고 경제적인 이점을 누릴 수 있도록 돕습니다. 또한, 플랫폼을 이용하는 기업들 간의 경쟁이 치열해지면서, 소비자들의 이익이 더욱 증진될 것으로 기대됩니다.

플랫폼 서비스의 소비자적 입장에서의 장점에 대해 두 챗봇의 대답은 비슷한 점과 다른 점이 공존한다. 우선 소비자의 입장에서 플랫폼은 효율적이고 안전하며 편리하다는 장점에서 비슷한 견해를 가지고 있다. 하지만 이후 두 챗봇은 플랫폼에 대해 상반된 전망을 하며 결론을 짓고 있는데, 빙챗은 플랫폼의 독점 문제를 제기하고 있는 데 반해, 챗GPT는 플랫폼 간의 경쟁으로 독점 문제가 해결되어 소비자가 더 유리한 상황이 진행될 것으로 결론을 내리고 있다.

(3) 플랫폼의 단점

이제까지 플랫폼의 장점에 대해 알아봤는데 두 챗봇의 결론이 엇갈리는 상황에 직면하게 되었다. 그렇다면 플랫폼의 단점에 대해서 두 챗봇이 어떻게 생각하는지 검토해 보면서 앞의 엇갈린 결론에 대해 좀 더 분석해 보도록 하자.

문: 플랫폼 서비스의 단점에 대해 알려 주세요.

> 빙챗: 플랫폼 서비스의 단점은 다음과 같습니다.
> 1. 서비스 플랫폼이 가지는 단점은 명확합니다. 사업자로서 많은 운영 리스크(자체 서비스를 개발하고 품질을 유지하기 위한 높은 비용 포함)를 갖고 간다는 점입니다.
> 2. 클라우드 서비스의 단점으로는 보안 문제와 장애 대응 시 블랙박스 문제가 있습니다.

챗GPT: 플랫폼 서비스의 단점은 다음과 같습니다.

1. 중개 수수료: 플랫폼 서비스는 기업과 소비자를 연결하는 중개자 역할을 하기 때문에 수수료를 받습니다. 이로 인해 기업은 판매 가격을 인하하기 어렵고, 소비자는 높은 가격을 지불해야 합니다.

2. 플랫폼 의존도 증가: 기업이 플랫폼을 이용하여 판매하면서 플랫폼에 대한 의존도가 높아지게 됩니다. 이는 플랫폼의 정책 변경이나 서비스 중단 등의 상황이 발생할 경우 기업에 큰 영향을 미칠 수 있습니다.

3. 개인정보 보호: 플랫폼 서비스를 이용하면서 소비자의 개인정보가 수집되고 저장됩니다. 이에 대한 보호와 관리는 중요한 문제입니다. 일부 기업들은 개인정보 보호 문제로 소비자들의 신뢰를 잃는 경우가 발생하기도 합니다.

4. 지역 상권 타격: 온라인 플랫폼 서비스가 발달하면서, 지역 상권이 타격을 받는 경우가 있습니다. 플랫폼에서 제공하는 상품/서비스를 이용하면서 지역 상권에 돈이 돌아가지 않는 경우가 있기 때문입니다.

5. 불공정한 경쟁: 플랫폼 내에서 상품/서비스를 제공하는 기업들 간의 경쟁이 치열해지면서, 불공정한 경쟁이 발생할 수 있습니다. 예를 들어, 일부 기업들은 가격 인하나 수수료 인하를 통해 경쟁 우위를 확보하기도 합니다.

이러한 단점들은 플랫폼 서비스를 이용하는 기업과 소비자들에게 불이익을 가져올 수 있습니다. 따라서 플랫폼 서비스를 이용하는 기업들은 이러한 단점들을 최소화하고, 공정한 경쟁 환경을 조성해야 합니다.

플랫폼의 단점에 대해 빙챗은 운영상의 리스크와 보안 문제 등 두 가지에 대해 이야기하고 있는데, 이는 플랫폼의 기술적, 구조적 문제에 대한 내용이라 하겠다. 챗GPT는 상대적으로 다양한 문제점들을 지적하고 있는 것처럼 보인다. 챗GPT는 빙챗이 제기한 문제 외에도 중개 수수료 문제, 플랫폼 의존도 문제, 오프라인 상권 타격 문제, 불공정 경쟁 문제 등을 지적하고 있는데 이 문제점들도 사실상 주로 플랫폼의 독점과 관계된 사항들이라 할 수 있다.

4. 플랫폼 독점 문제에 대해

(1) 빙챗과 챗GPT의 해결책

이상의 상황을 종합하면 플랫폼의 독점 문제가 플랫폼 사업에서 가장 큰 위험 요소라는 결론에 이르게 되는데, 이것은 현재 여러 학자들이 제기하고 있는 플랫폼의 본질적 문제점 내지 그들이 이 문제점에 대해 제시하고 있는 해결 방안과 궤를 같이한다고 하겠다. 관련 학자들의 이론을 소개하기 전에 빙챗과 챗GPT는 플랫폼의 독점 문제 해결에 대해 어떤 제시 사항이 있는지 먼저 알아보자.

문: 플랫폼의 독점 문제를 해결할 수 있는 방법에 대해 알려 주세요.

빙챗: 플랫폼 독점 문제를 해결하는 방법으로는 다음과 같은 것들이 있습니다.

1. 플랫폼 기업에 대한 무조건적인 규제는 오히려 부작용을 불러일으킨다는 것이 전문가들의 공통 의견입니다.

2. 플랫폼 기업의 독점을 막기 위해서는 경쟁을 유도하는 것이 중요합니다.

3. 플랫폼 기업의 독점을 막기 위해서는 다양한 기업들이 참여할 수 있는 경쟁적인 시장 환경을 조성해야 합니다.

챗GPT: 플랫폼의 독점 문제를 해결할 수 있는 방법은 다양합니다. 그중 일부를 아래에 설명합니다.

1. 경쟁 환경 조성: 경쟁적인 시장 환경을 조성하여 기업 간의 경쟁을 유도하는 것이 독점 문제를 해결하는 한 가지 방법입니다. 이를 위해 공정한 규제와 감시가 필요합니다. 또한, 새로운 기업 진입을 촉진하는 지원 정책을 시행하는 것도 중요합니다.

2. 열린 API: 열린 API(Application Programming Interface)를 제공하여 다른 기업이 플랫폼의 기능을 활용하고 새로운 서비스를 제공할 수 있도록 하는 것도 독점 문제를 해결하는 방법 중 하나입니다.

3. 데이터 공유: 플랫폼이 수집한 데이터를 외부 기업과 공유하여 새로운 서비스를 개발하거나 기존 서비스를 개선하는 것도 독점 문제를 해결하는 방법 중 하나입니다.

4. 분할: 플랫폼이 독점적인 지위를 차지하고 있는 경우, 기능이나 지역 등을 분할하여 경쟁 기업의 진입을 촉진하는 방법도 있습니다.

5. 규제 강화: 독점적인 행위를 방지하고 경쟁 환경을 조성하기 위한 규제와 감시를 강화하는 것도 독점 문제를 해결하는 방법 중 하나입니다. (이하 생략)

두 챗봇이 공통적으로 제기하고 있는 플랫폼 독점 문제 해결책은 적절한 규제와 공정한 경쟁과 플랫폼 개방 정책으로 귀결될 수 있다.

(2) 마르코 이안시티의 해결책

이제 플랫폼에 대해 권위가 있는 학자들의 플랫폼 사업의 핵심에 대한 견해를 알아보면서 챗봇들의 해결책과 종합하여 결론을 내리도록 하자. 우선 플랫폼 사업의 핵심 요소에 대해 세계적인 권위자인 마르코 이안시티 교수의 견해를 빙챗과 챗GPT를 통해 알아보았다.

문: 이안시티 교수에 따르면 플랫폼 사업에서 제일 중요한 것이 무엇인가요?

빙챗: (의견 제시의 방향이 적절하지 않아 생략)

챗GPT: 이안시티 교수는 플랫폼 사업에서 제일 중요한 것은 "생태계 구축"이라고 강조합니다. 즉, 플랫폼 내에서 다양한 이해관계자들이 상생하고 협력할 수 있는 환경을 구축하는 것입니다. 이를 위해서는 플랫폼 내에서 공통의 목표를 가진 이해관계자들이 모여 협력할 수 있는 기회를 제공하고, 상호작용이 원활하게 이루어질 수 있는 제도와 시스템을 구축해야 합니다. 이를 통해 플랫폼은 단순한 거래소나 중개 업체로 머물러 있지 않고, 고객과 파트너사, 개발자 등 다양한 이해관계자들이 함께 협력하여 가치를 창출하는 생태계로 발전할 수 있습니다. 이를 통해 생태계를 구축하고 유지함으로써, 플랫폼은 지속적인 성장과 경쟁 우위를 확보할 수 있습니다.

빙챗의 대답은 우리가 이미 얻은 정보들의 반복이다. 챗GPT의 의견이 새로운 견해인데, 이에 따르면 플랫폼 내에서 다양한 이해관계자들이 상생하고 협력할 수 있는 환경, 즉 생태계 구축에 있다고 한다. 즉 이안시티 교수의 플랫폼 사업의 핵심 요소는, 뒤에서 나오겠지만, 생태계의 조건을 잘 반영하는 수식어인 '공정'을 붙여서 '공정 생태계 구축'이라고 할 수 있는데, 이는 플랫폼의 독점 문제에 대한 해결을 함께 제시하고 있다.

(3) 국내 학자들의 견해

이제 국내 저명 학자들의 플랫폼에 대한 견해를 알아보자. 국내에서 플랫폼에 관해 편찬된 영향력 있는 저서로는《플랫폼의 눈으로 세상을 보라》가 있다. 이 책의 저자들도 공정 생태계 구축에 대해 언급하고 있지만, 플랫폼 사업의 핵심 전략에 대해 이들은 특히 '와서 머물게 하는' 것에 큰 방점을 두고 있다. (김기찬 외, 199) 즉, 관심을 유발시켜 플랫폼으로 오게 한 뒤 계속해서 플랫폼을 이용하도록 하는 전략을 취해야 한다는 것이다. 이 책의 저자들의 경우 플랫폼의 사업적 경쟁력을 어떻게 담보할 것인가에 보다 집중하고 있는 것처럼 보이는데, 이것은 이 책이 플랫폼에 대한 개념이 국내에 처음 도입된 시기에 저작이 이루어졌기 때문인 것으로 판단된다. 실제로 이후 등장한 책들의 저자들은 플랫폼과 사업의 공정성에 많은 비중을 두고 있는 것을 확인할 수 있다. (김세을, 83-84, 또 김홍선, 82-83)

(4) 플랫폼 사업의 핵심

계속해서 두 챗봇들은 플랫폼 사업에서 제일 중요한 핵심을 무엇으로 판단하고 있는지 알아보겠다.

문: 플랫폼 사업에서 제일 중요한 것이 무엇인지 알려 주세요.

빙챗: 플랫폼 사업에서 가장 중요한 것은 매칭플랫폼 사업에서 가장 중요한 경쟁력인 방문자 수라고 합니다. 매칭플랫폼 사업의 주 수입원이 채용 공고이고, 채용 공고는 일종의 광고 상품이기 때문에 얼마나 더 많은 사이트 방문자에게 채용 공고를 노출시킬 수 있느냐가 가장 중요한 경쟁력이라 할 수 있습니다.

또한, 플랫폼 사업에서는 데이터가 중요합니다. 데이터를 수집하고 분석하여 사용자에게 맞춤형 서비스를 제공하거나, 사용자의 행동을 예측하여 서비스를 개선하는 등 다양한 방식으로 활용할 수 있습니다.

(이하 생략)

챗GPT: 플랫폼 사업에서 제일 중요한 것은 플랫폼을 사용하는 사용자들의 만족도입니다. 플랫폼은 서로 다른 이해관계를 가진 다양한 이용자들의 요구를 만족시켜야 하기 때문에, 사용자들이 만족할 수 있는 서비스를 제공하는 것이 매우 중요합니다.

만족도를 높이기 위해서는 편의성, 안정성, 보안성, 가격 등 다양한 측면에서 최선을 다해야 합니다. 또한, 사용자들의 의견을 수용하고 개선하는 것도 중요합니다. 만족도가 높을수록 이용자들의 충성도도 높아지기 때문에, 플랫폼의 성장과 지속적인 발전을 위해서는 사용자들의 만족도를 최우선적으로 고려해야 합니다.

플랫폼 사업의 핵심에 대한 두 챗봇들의 대답도 앞의 국내 학자들의 견해와 비슷해서 방문자 수 등 플랫폼을 경쟁력 있는 단계로 성장시키고 유지시키는 방안에 집중하고 있는데 이는 단편적인 차원에 그치고 있다 하겠다. 두 챗봇들에게 비슷한 질문을 더 해서 어떤 해결책이 나오는지 알아보고 앞의 의견들과 비교해 보기로 하자.

문: 플랫폼 사업 전략의 핵심으로 무엇이 중요한지 알려 주세요.

빙챗: 플랫폼 사업 전략의 핵심은 기업이 플랫폼 비즈니스에서 성공하기 위한 7단계 전략으로는 ① Questioning(플랫폼 사업에 대한 고민) ② Compete or Join(경쟁 및 협력 전략) ③ Platform Type(구축 플랫폼의 형태와 성격 결정) ④ Connect(고객 접점 만들기) ⑤ Value(플랫폼 핵심 가치 창출) ⑥ Monetization(플랫폼 수익화) ⑦ Retention(고객 묶어 두기)을 제시하는 것입니다. 이 중에서도 가장 중요한 것은 고객 접점을 만드는 것입니다. 이를 위해서는 고객의 니즈를 파악하고 그에 맞는 서비스를 제공해야 합니다.

챗GPT: 플랫폼 사업 전략의 핵심은 생태계 구성과 네트워크 효과입니다.

1. 생태계 구성: 플랫폼 사업이 성공하기 위해서는, 다양한 기업과 개인들이 참여하여 생태계를 구성하는 것이 중요합니다. 생태계를 구성하기 위해서는 플랫폼에서 제공되는 기능과 서비스를 활용하는

제휴사, 개발자, 사용자 등이 많아져야 합니다. 따라서, 플랫폼 사업 전략에서는 생태계 구성을 위한 다양한 제휴 및 협력 방안을 고민해야 합니다.

2. 네트워크 효과: 플랫폼에서는 사용자가 많을수록 더욱 가치를 창출할 수 있습니다. 이러한 현상을 네트워크 효과라고 합니다. 네트워크 효과를 극대화하기 위해서는 초기에 많은 사용자를 확보하고, 사용자들의 활동을 적극적으로 유도하여 사용자 경험을 개선하는 것이 중요합니다. 또한, 플랫폼에서는 다양한 콘텐츠와 서비스를 제공함으로써 사용자들이 지속적으로 이용할 수 있도록 유도해야 합니다.

3. 공정성: 플랫폼 사업이 규모를 확대하면서, 플랫폼 내에서 편향적인 행태가 발생할 가능성이 있습니다. 이를 방지하기 위해서는 공정성을 중요시하여 플랫폼 내에서 공정한 경쟁이 이루어지도록 하는 것이 필요합니다. 따라서, 플랫폼 사업 전략에서는 공정성을 고려한 규제 및 감시 체계를 마련하고, 공정성을 유지하기 위한 방안을 마련해야 합니다. 이러한 요소들은 플랫폼 사업에서 매우 중요합니다. 생태계 구성, 네트워크 효과, 공정성 등을 고려하여 효과적인 플랫폼 사업 전략을 수립하고 이를 수행함으로써 성공적인 플랫폼 사업을 이끌어 낼 수 있습니다.

빙챗의 대답은 바로 앞에 제시된 경쟁력 있는 플랫폼 만들기 전략과 일치한다. 챗GPT의 경우에 그 외에도 생태계 구성과 네트워크 효과를 거론하며 공정성 문제를 제기하고 있는데, 이 세 가지를 종합하면 바로 다름 아닌 '공정 생태계 구축'이라는 결론이 나온다. 따라서 플랫폼 관련 유명 학자들과 빙챗, 챗GPT의 플랫폼 사업의 핵심에 대한 의견들을 종합해 본 결과 결론적으로, 플랫폼 사업의 핵심은 '경쟁력 있는 플랫폼 콘텐츠 구성'과 '공정 생태계 구축'이라고 할 수 있겠다.

5. 공정 생태계 구축

'경쟁력 있는 플랫폼 콘텐츠 구성'에 대해서라면 따로 책을 발행해야 될 정도로 큰 프로젝트라서 다음 기회가 있다면 소개하기로 하고, 이번 장에서는 '공정 생태계 구축'을 어떻게 할 것인지에 대해 탐구하면서 책을 마무리하도록 하겠다.

(1) 플랫폼의 생태계 구축

두 챗봇에게 플랫폼의 생태계 구축에 대해 질문을 해 보았다.

문: 플랫폼에서 생태계 구축에 대해 알려 주세요.

빙챗: 플랫폼 생태계는 플랫폼 제공자와 플랫폼 파트너가 플랫폼 생태계를 조성해 가는 구조로, 플랫폼 제공자는 구성 요소(Component) 구축을 담당하며, 구성 요소에는 S/W, H/W, Service가 있습니다. 생태계는 플랫폼을 기반으로 조성되며, 생태계의 진화는 플랫폼 간의 경쟁을 통해 이루어지므로 생태계 중심으로서 플랫폼의 역할이 점차 강조되고 있는

것입니다.

생태계 구축은 다양한 형태로 존재하지만 소유자, 공급자, 생산자와 소비자로 구성된 하나의 생태계를 형성하고 있는 공통점을 가지고 있습니다. 따라서 플랫폼 제공자와 파트너들은 서로 협력하여 생태계를 조성하고 발전시켜 나가야 합니다.

챗GPT: 플랫폼에서 생태계(Ecosystem)란, 플랫폼을 중심으로 그와 관련된 다양한 산업, 기업, 개인 등이 상호작용하며 서로 유기적으로 연결되어 이루어지는 생태계를 의미합니다. 이러한 생태계는 플랫폼이 가지고 있는 넓은 시각과 영향력, 그리고 플랫폼에서 제공하는 기술, 데이터 등을 활용해 새로운 가치를 창출하고, 새로운 시장을 개척할 수 있습니다.

생태계 구축은 플랫폼 사업의 성공에 있어서 매우 중요한 역할을 합니다. 플랫폼이 유익한 파트너십을 맺고, 생태계의 일원으로서 지속적인 협력을 이끌어 내는 것이 필수적입니다. 예를 들어, 스마트폰 생태계에서는 앱 개발사와 개발자들이 함께 앱 생태계를 구축하고, 서로 다양한 기술을 공유하여 새로운 서비스와 새로운 가치를 창출합니다.

이와 같이 플랫폼에서 생태계를 구축함으로써, 플랫폼은 더욱 다양한 분야에서 성장하고, 새로운 비즈니스 모델을 탐구하며, 새로운 시장을 개척할 수 있습니다. 또한, 플랫폼의 생태계는 플랫폼을 더욱 매력적인 선택지로 만들어 주며, 이를 통해 더욱 많은 사용자와 기업들을 유치할 수 있습니다.

빙챗과 챗GPT 모두 생태계 구축에 대한 의미 있는 의견을 전달하고 있다. 이에 따르면 플랫폼에서 생태계(Ecosystem)는 플랫폼을 중심으로 생산자(공급자)와 소비자(이용자)에 해당하는 기업, 개인 등이 상호작용하며 서로 유기적으로 연결된 구조를 일컫는다. 플랫폼은 유익한 파트너십을 맺고, 생태계의 일원으로서 지속적인 협력을 이끌어 낼 수 있도록 유도하여 건강한 생태계 구축을 하게 되면 그 자체로 훌륭한 유통망이 될 뿐만 아니라, 플랫폼이 수집한 데이터 등을 활용해 새로운 가치를 창출하고, 새로운 시장을 개척할 수 있게 된다는 것이다.

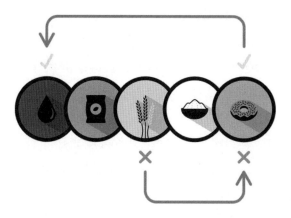

그림 5-4: 플랫폼 생태계는 유통망의 구성과 관련되어 있다

(2) 공정 생태계 구축의 방법

그렇다면 플랫폼을 어떻게 공정하게 구성할 수 있는지 알아보도록 하자.

문: 플랫폼에서 어떻게 공정한 생태계 구축을 할 수 있는지 알려 주세요.

빙챗: 공정한 생태계 구축을 위해서는 플랫폼 제공자와 파트너들이 서로 협력하여 생태계를 조성하고 발전시켜 나가야 합니다. 이를 위해 공정한 계약 체결 방법과 절차, 계약 내용 변경, 서비스 제한·중지, 계약 해지 시 해당 내용 및 사유를 미리 통보하는 등의 세부 사항을 공정위가 정해 고시하고 있습니다.

또한, 공정한 생태계 구축을 위해 온라인 플랫폼 법안이 국무회의에서 통과되어 플랫폼 제공자와 파트너들의 공정한 거래를 보장하고 있습니다.

챗GPT: 공정한 생태계 구축을 위해서는 다음과 같은 방법을 고려할 수 있습니다.

1. 개방성 유지: 플랫폼이 개방적인 생태계를 유지해야 합니다. 새로운 참가자나 비즈니스 모델이 적극적으로 받아들여져야 합니다. 이를 위해서는 필요한 API와 SDK 등을 제공해야 하며, 사용자와의 상호작용을 위한 인터페이스를 제공해야 합니다.

2. 규제 준수: 규제에 대한 준수는 플랫폼의 신뢰성과 안정성을 유지하는 데 중요합니다. 플랫폼 운영자는 해당 국가 또는 지역의 법률과 규정을 준수하고 사용자의 개인정보 보호와 같은 문제에 대해 적극적으로 대처해야 합니다.

3. 데이터 공유: 플랫폼에서는 다양한 데이터가 발생합니다. 이러한 데이터는 다른 비즈니스에게 중요한 자산이 될 수 있습니다. 따라서 플랫폼은 데이터 공유에 대한 철저한 방침을 마련하고, 데이터 제공에 대한 투명성을 확보해야 합니다.

4. 불투명성 해소: 플랫폼의 비즈니스 모델과 수수료 구조는 종종 불투명합니다. 이러한 문제를 해결하기 위해서는 수수료 구조를 명확히

공개하고, 수수료가 어떻게 책정되는지 사용자에게 설명해야 합니다. 또한 플랫폼 운영자는 사용자들의 의견에 귀를 기울여야 하며, 투명성을 높이는 노력이 필요합니다.

5. 공정한 경쟁 환경 조성: 플랫폼에서는 다양한 제품이 경쟁하게 됩니다. 따라서 플랫폼 운영자는 공정한 경쟁 환경을 조성하고, 다른 비즈니스가 새로운 아이디어와 참여할 수 있는 기회를 제공해야 합니다. 이를 위해서는 공정한 거래 규칙을 마련하고, 중개 수수료 등을 적절히 조정해야 합니다.

빙챗은 공정 생태계 구축을 위해 주로 법적인 규제 면에서 주의할 점을 제시하고 있다. 플랫폼과 중소 사업체 경영자와 플랫폼 이용자의 시각에서 해결책을 제시하는 것은 챗GPT의 대답이다. 이에 따르면, 개방성 유지, 규제 준수, 데이터 공유, 불투명성 해소, 공정한 경쟁 환경 조성 등이 필수라고 한다.

그림 5-5: 플랫폼의 성공 조건은 공정 생태계 구축이다

(3) 미국의 공정 생태계 플랫폼 구축 사례

그렇다면 공정 생태계를 구축한 플랫폼으로는 어떤 사례가 있는지 알아보기로 하자. 우선 미국의 사례를 알아보았다.

문: 미국의 대표적인 공정 생태계 플랫폼 서비스에 대해 알려 주세요.

> 빙챗: 미국의 대표적인 공정 생태계 플랫폼 서비스는 어떤 것이 있는지에 대해서는 구체적으로 언급되어 있지 않습니다. 하지만 플랫폼 기업들의 비약적 성장으로 시장지배력 남용, 불공정거래, 독점 등의 문제가 발생되고 있어 규제가 구체화되고 있습니다.
>
> 챗GPT: 미국에서는 다양한 공정 생태계 플랫폼 서비스가 존재하고 있습니다. 이 중 몇 가지 대표적인 플랫폼 서비스를 소개해 드리겠습니다.
>
> 1. 에어비앤비(Airbnb): 에어비앤비는 숙박 공유 플랫폼으로, 개인이나 기업이 자신의 집이나 객실을 여행객에게 공유하여 숙박을 제공하는 서비스를 제공합니다. 사용자는 에어비앤비 웹사이트나 앱을 통해 다양한 숙소를 예약할 수 있으며, 호스트와 게스트 간의 평가와 리뷰 시스템이 운영되어 공정한 거래를 도모하고 있습니다.
>
> 2. 우버(Uber): 우버는 차량 공유 플랫폼으로, 개인 운전자가 자신의 차량을 등록하여 승객에게 운전 서비스를 제공하는 서비스를 제공합니다. 사용자는 우버 앱을 통해 차량을 예약하고 운전 서비스를 이용할 수 있으며, 운전자와 승객 간의 평가와 리뷰 시스템이 운영되어 공정한 거래를 도모하고 있습니다.
>
> 3. 이츠(Eats): 이츠는 음식 배달 플랫폼으로, 다양한 음식점이 자신의

음식을 등록하여 고객에게 배달 서비스를 제공하는 서비스를 제공합니다. 사용자는 이츠 앱을 통해 음식을 주문하고 배달 서비스를 이용할 수 있으며, 음식점과 고객 간의 평가와 리뷰 시스템이 운영되어 공정한 거래를 도모하고 있습니다. (이하 결론 생략)

미국의 공정 생태계 플랫폼에 대해서 빙챗은 사실상 정보를 제시하지 못하였고 챗GPT의 경우에는 공정 생태계가 아니라 공유 경제 생태계를 운영하는 플랫폼 서비스들을 사례로 제시하고 있다. 즉, 미국에서 공정 생태계 플랫폼을 운영하고 있는 사례에 대해서 두 챗봇은 의미 있는 대답을 하지 못하고 있다.

(4) 한국의 공정 생태계 플랫폼 구축 사례

이제 한국의 사례를 알아보기로 하자. 챗GPT의 경우 규제 방안 등의 사례만 제시할 뿐 실제 플랫폼 서비스에 대한 정보를 제공하지는 않았고, 빙챗의 경우에는 참고할 만한 답변을 제시하였다.

문: 한국의 공정 생태계 플랫폼에 대해 알려 주세요.

빙챗: 한국의 공정 생태계 플랫폼은 정부가 온라인 플랫폼의 역할과 비중이 확대됨에 따라 공정하고 혁신적인 온라인 플랫폼 생태계 구축을 위한

제도적 기반을 마련하기 위해 제정한 '온라인 플랫폼 공정화법'에 따라 구축되는 것으로 알려졌습니다. 이 법안은 플랫폼 거래모델 특성에 맞는 금지 행위를 적용하고 표준계약서 및 공정거래 협약 제도를 도입하며, 불공정행위 금지 등의 내용을 담고 있습니다.

또한, '동보감 메타홈(MetaHome)'이라는 한국의 공정 생태계 플랫폼이 있습니다. 이는 우리나라 한방 제품의 우수성을 널리 알리고 믿을 수 있는 한방 제품을 누구나 쉽게 접할 수 있는 플랫폼으로 오랜 기간 철저한 준비를 거쳐 서비스 오픈을 앞두고 있습니다.

한국의 공정 플랫폼 구축 사례에 대해 빙챗은 처음에 관련 규제에 대해 정보를 제시한 후 '동보감 메타홈(MetaHome)'이라는 한국의 공정 생태계 플랫폼을 소개하고 있다. 우수한 한방 제품의 유통망 형성을 위해 오랫동안 준비해 온 플랫폼 사업이라고 한다.

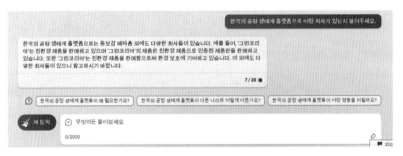

사진 5-6: 빙챗은 같은 질문에도 다른 대답이 나올 수 있는데, 시간이 지난 뒤 한국의 공정 생태계를 묻는 질문에 위와 같은 다른 대답을 내놓았다

계속해서 동보감 메타홈이라는 플랫폼이 어떻게 공정 생태계 플랫폼을 구성하였는지 알아보기로 하자. 챗GPT의 답은 동보감 메타홈과 관련이 별로 없는 정보여서 빙챗의 대답만 가져왔다.

문: 동보감 메타홈의 공정 생태계에 대해 알려 주세요.

> 빙챗: 동보감 메타홈은 대구광역시에 본사를 두고 있는 한국의 공정 생태계 플랫폼입니다. 이 플랫폼은 우리나라 한방의 우수성을 메타버스 기술을 접목하여 전 세계에 널리 알리고 한방 바이오 제품들을 코인으로 직접 사고팔 수 있는 메타버스 플랫폼입니다. 동보감 메타홈은 리퍼럴 마케팅을 통해 '메타코인'을 무상 지급하는 서비스를 제공하고 있습니다.

동보감 메타홈 플랫폼에 대한 빙챗의 대답에 따르면 이 플랫폼은 메타버스 기술과 자체 개발한 코인을 바탕으로 뛰어난 한방 제품을 유통시킬 예정인데, 리퍼럴 마케팅을 통해 코인을 무상 지급하는 행사를 현재 진행하고 있다고 한다.

(5) 동보감 메타홈

이상의 정보에서 동보감 메타홈 사업에 대한 개략적인 정보는 얻었지만 실제 이 플랫폼이 어떻게 공정 플랫폼을 구축하는지에 대한 정보는 빙챗도 제공하지 못하고 있다. 따라서 좀 더 다른 접근을 통해 관련 정보에 접근할 필요가 있겠는데 동보감 메타홈의 홈페이지(www.hdbtc.io)에서 제공하는 영문과 국문의 백서에서 다음과 같은 정보를 얻을 수 있었다.

동보감은 한방 대표 브랜드로 자리 잡기 위해 한방 기업들을 다양하게 지원하는 한편, 한국 한방 제품의 대외 신뢰를 높이는 가운데, 한방 산업을 한국의 대표 산업으로 만드는 것이 그 목표들이라고 한다.

동보감 운영자들은 그동안 동보감 제품을 대중에게 가장 잘 알릴 수 있는 방법을 두고 몇 번의 시행착오를 거친 끝에 메타버스를 활용한 인터넷 쇼핑몰과 한방 체험의 결합을 고안해 냈는데, 이렇게 탄생한 것이 바로 메타홈이라고 한다.

그림 5-6: 동보감은 한방 바이오 제품과 K문화
유통을 메타홈을 통해 실현한다

메타홈의 백서에 따르면 메타홈은 공정 생태계 플랫폼을 넘어 상생의 생태계 플랫폼으로 구축될 예정이라 한다. 메타홈은 "우선 소비자에 의해 선정된 우수한 한방 바이오 제품들이 최소의 유통 단계를 거치며 전달될 수 있도록 하는 프로그램을 완성한 후, 생산자(판매자)와 소비자의 협업으로 동보감이라는 한방 브랜드의 가치를 공유하여 같이 커 나가는 모델의 완성에 전력을 기울일 예정"이라고 한다.

그림 5-7: BST로 기능하는 동보감 메타홈

이후 메타홈은 2단계 사업으로 "모바일과 PC 게임, 웹소설과 웹툰, 그리고 OTT 서비스 등을 구축하여 생산자/소비자를 막론하고 메타홈 이용자 전체가 같이 성장하며 전 세계 어디에서도 K문화를 즐길 수 있는 글로벌 플랫폼으로 발전시켜 나갈 예정"이라고 한다.

이러한 생태계의 구축은 각 구성 요소 하나하나가 노력 여하에 따라 주어지는 합당한 보상에 의해 동반 성장할 수 있는 구조를 채택했다는 점에서 공정 생태계 플랫폼의 이상적 모델을 제시하고 있는 것인데, 동보감 메타홈 측에서는 이러한 구조의 생태계를 특히 공정 생태계 중에서도 상생의 생태계로 정의하며 그 중심의 역할을 하는 자체 코인 HDBTC

를 개발하였다. 상생의 생태계가 완성되면 HDBTC는 BST(Brand-value Sharing Token)로 작용하여 참가자 모두가 사실상 경영자가 되어 같이 성장하는 구조가 완성된다고 한다.

참고문헌

김기찬 외.	*플랫폼의 눈으로 세상을 보라: 세상을 바꾸는 새로운 패러다임, 플랫폼*, 성안북스, 2015.
김상균.	*메타버스=Metaverse: 디지털 지구, 뜨는 것들의 세상*, 플랜비디자인, 2020.
김세을.	*콘텐츠, 플랫폼(platform)으로 날다*, CMS, 2021.
김일동.	*NFT는 처음입니다: 메타버스 시대, 누구나 NFT로 투자하고 창작하는 법*, 세종서적, 2022.
김홍선.	*누가 미래를 가질 것인가?*, 쌤앤파커스, 2013.
김희철.	*4차 산업혁명의 실체*, 북랩, 2017.
리프킨, 제러미.	*3차 산업혁명: 수평적 권력은 에너지, 경제, 그리고 세계를 어떻게 바꾸는가*, 민음사, 2012.
서지영.	*난생처음 인공지능 입문*, 한빛아카데미, 2021.
성소라 외.	*NFT 레볼루션: 현실과 메타버스를 넘나드는 새로운 경제 생태계의 탄생*, 더퀘스트, 2021.
송성수.	*기술의 역사*, 살림출판사, 2009.
슈밥, 클라우스.	*클라우스 슈밥의 제4차 산업혁명*, 새로운현재, 2016.
———————	*자본주의 대예측: 모두를 위해 일하는 세계경제 시스템*, 메가스터디 Books, 2022.
슈밥, 클라우스 외.	*4차 산업혁명의 충격*, 흐름, 2016.
윤진.	*만화로 배우는 블록체인*, 웨일북, 2018.
이병욱.	*블록체인 해설서: 비트코인과 이더리움 그리고 하이퍼레저*, 에이콘, 2019.
표상록.	*암호화폐 트렌드 2023: 부와 비즈니스의 판도를 뒤흔들 암호화폐 전망*, 나비의활주로, 2022.

챗GPT가 얘기해주는
요즘 비즈니스 트렌드

ⓒ 정욱진, 2023

초판 1쇄 발행 2023년 6월 14일

지은이   정욱진
펴낸이   이기봉
편집   좋은땅 편집팀
펴낸곳   도서출판 좋은땅
주소   서울특별시 마포구 양화로12길 26 지월드빌딩 (서교동 395-7)
전화   02)374-8616~7
팩스   02)374-8614
이메일   gworldbook@naver.com
홈페이지   www.g-world.co.kr

ISBN   979-11-388-2025-7 (13500)

• 가격은 뒤표지에 있습니다.
• 이 책은 저작권법에 의하여 보호를 받는 저작물이므로 무단 전재와 복제를 금합니다.
• 파본은 구입하신 서점에서 교환해 드립니다.